# 地方志災異資料叢刊 第二編 23

于春媚 賈貴榮 編

國家圖書館出版社

# 第二十三冊目録

安徽省

# 【嘉慶】廬州府志

（清）張祥雲修　（清）孫星衍等纂

清嘉慶八年（1803）刻本

祥異

周匡王元年六月辛丑朔日有食之董仲舒劉向以爲楚滅舒蓼之兆

簡王十二年十二月丁巳朔日有食之董仲舒劉向以爲楚滅舒庸之兆

靈王二十三年八月癸巳朔日有食之董仲舒以爲楚滅舒鳩之兆

漢文帝四年六月大雨雪後三歲淮南王長謀反廢徙蜀

武帝建元元年有星孛於北方劉向以爲淮南王謀叛之兆

元光元年七月癸未先晦一日日食劉向以爲淮南衡山合謀之兆

元狩元年十二月大雨雪民多凍死是歲淮南衡山王謀反

事覺

元封五年廬江獲龜二十枚長尺有二寸輸太卜官

永光五年夏及秋大雨水壞廬江民舍

後漢明帝永平六年二月王雒山獲寶鼎太守獻之詔納太

廟

十一年巢湖出黃金廬江太守以獻

安帝永初七年廬江大饑調零陵桂陽租賑之

順帝永和二年八月熒惑犯南斗斗爲吳明年江賊蔡伯流

等攻九江旋平

四年四月熒惑入南斗斗爲揚州熒惑犯之爲兵

六年九江丹陽賊周生馬勉等起兵攻沒郡縣
桓帝元嘉元年九江廬江大疫
獻帝建安二十二年居巢大疫
蜀漢後主延熙十五年十二月吳地大風震電是歲魏軍三
道攻吳諸葛恪破其東興軍二軍亦退明年恪攻新城喪
衆大半
二十二年新城疫死者大半
晉武帝太康十年十二月癸卯廬江雷大雨
元帝建武三年八月木連理生汝陰
大興二年五月淮南廬江諸郡蝗食秋麥
四年廬江縣民何旭家忽聞地中有犬子聲掘之得一母

犬青蒼色狀甚羸走入草中不知所在視其處有二犬子一雄一雌

成帝咸和八年四月甘露降襄安縣蔣胄家

穆帝永和元年三月甘露降廬江郡內桃李樹太守路永以聞

安帝義熙元年八月月犯斗第一星 按江左來南斗有災則吳越廬江諸郡各隨其星應之

宋文帝元嘉十二年六月淮南等五郡大水

十七年五月白鹿見汝陰宋縣太守文道恩以獻

二十年二月大流星出紫宮入北斗魁又一出貫索中經天市垣後魏人殘破南豫等六州民死大半 八月木連

麑生汝陰豫州刺史劉遵考以聞白鹿見譙郡蘄縣太守

鄧琬以獻

二十七年六月丙午白鹿見南汝陰豫州刺史南平王鑠

以獻

孝武帝大明七年五月辛未白雀見汝陰豫州刺史垣護之

以獻

梁武帝天監十二年合肥大水

北魏世宗熙平四年二月揚州上言汝陰縣木連理

梁武帝普通四年廬江大水

北魏世宗正光四年二月揚州上言汝陽縣木連理

唐高祖武德二年九月合州上言慶雲見

太宗貞觀十二年九月廬州獻野繭
十五年五月癸未廬州獻白鹿
十七年合肥舒城大疫次年疫
武后垂拱三年巢縣產嘉禾廬州刺史裴靖以聞禾產唐海
田中一本六穗符載作表上之
元宗天寶十四年廬江郡人王恭家有李樹連理結紫實
代宗永泰八年六月庚辰廬州上言廬江縣紫芝草生一根
兩莖一丈五尺又合肥棠梨樹上烏鵲同巢
九年七月丁酉廬州獲白鼠二舒州獲白雀並獻之
文宗太和七年秋廬州大水害稼
昭宗天祐間廬州大火往往有持火夜行者或射之什皆櫬

敗腐木及敗帚之類數月乃止

宋太祖建隆五年廬壽諸州大水

真宗景德三年五月無爲軍甘露降

四年廬宿泗等州麥自生

大中祥符二年八月有青蛇出無爲軍廨長數丈十六日大風雨拔林木壞城門營壘民舍壓死千餘人九月復然晝晦不可辨遣內侍張景宣馳驛郵視免次年租稅之半

五年舒城大饑無爲軍甘露降於桐冬無麥苗

九年廬州産芝二本知縣余獻卿表上之　四月瑞氣覆巢湖郡守繪圖以獻

天禧元年五月甘露降廬州通判廳及后土祠

仁宗天聖九年六月廬州獲白兔

皇祐元年廬州合肥縣稻再實

三年無爲軍軍土岡産芝三百五十本守臣茹孝標獻於

朝賜名紫芝之山

嘉祐四年九月廬州獲白兔

神宗熙寧四年九月廬州獲白兔

元豐元年梁縣嘉禾生

八年小山復産紫芝之一本百莖是歲州人焦蹈狀元及第

高宗紹興五年大旱廬和濠楚州爲甚

孝宗隆興二年廬州無爲軍大水城市舟行者累日

三年六月廬舒蘄州水壞苗稼漂人畜

十一年無爲軍六月不雨至於秋九月

十五年淮甸大雨水淮水溢廬濠楚州無爲軍皆漂廬舍田稼廬州城圮

十七年無爲軍民大饑

十八年無爲軍大旱

光宗紹熙五年無麥苗行都淮浙西東江東郡國皆饑常明州寧國鎮江府廬滁和州爲甚

理宗淳祐十年合肥廬江旱

元世祖至元二十七年正月無爲路大水

成宗元貞二年廬州蝗

大德元年無爲州江潮溢

武宗至大元年蝗民大饑無爲尤甚

二年舒城合肥蝗

三年五月合肥舒城蝗

仁宗皇慶五年四月廬州合肥縣大雨水

英宗至治二年八月舒城饑

三年無爲大水

泰定帝三年五月廬州屯田旱　八月無爲大水是年免廬州路田租粟縣無爲州　九月廬州路蝗　十二月廬州路蝗

四年五月廬州路屬縣旱蝗

文宗天歷二年二月廬州路合肥縣地震　四月廬州無爲州蝗　七月廬州郡蝗

三年正月揚廬安豐等郡饑

至順元年饑

三年無爲州大水

至元元年廬州地震

至正十二年合肥甘露降栢樹次年降於松

明太祖洪武三十二年四月舒城秦鳳家產雞雛長頸方嘴

高足毛羽五采遍身如丹砂一時傳以爲鳳

成祖永樂二年無爲大水平地丈餘

英宗正統五年舒城饑餓草截道戶部主事鄒來學出粟賑

濟

景帝景泰六年舒城大饑人相食

英宗天順六年合肥舒城蝗

十七年二月甲寅廬州地震

憲宗成化二年三年巢縣大饑

孝宗宏治元年治父山古樹俗名木馬筋者忽枯至七年春

枝葉復生覩昔益茂近五行志所謂靑祥者

三年八月民間訛言兵變男婦奔走沈溺相失者不可數

計三五日始定

四年廬江大旱饑

五年二月甘露降合肥縣學柏樹巢縣學桂樹華

六年九月大雪至次年三月乃止積深丈餘中有五寸如

血山畜枕藉而死各縣多相同是歲廬江天井山龍池水

沸涌出破船

十七年淮揚廬鳳洊饑人相食且發瘞胔以繼之

武宗正德三年廬鳳淮揚四府饑　五月廬江大雨水溢

五年五月大雨水舒城無爲民田廬舍多没

七年二月大雪色微紅雨豆茶黑褐三色星隕舒城棗林

岡赤光燭天未幾有流寇之警

八年舒城雨雹大如鵞卵或如升禾稼盡傷　十二月河

冰厚二三寸人馬俱行其上

九年廬鳳淮揚旱

十三年蘇松廬鳳淮揚六府饑

十四年夏甘露降舒城學泮池棠梨樹

世宗嘉靖元年廬鳳淮揚四府同日大風雨雹河水汎漲溺死人畜無算

二年夏旱秋淫雨無爲舒城巢縣並饑斗米千錢朝命戶部侍郎席書會同撫按賑濟

三年春大疫巢縣死者枕藉廬江饑　秋舒城大熟

四年合肥麥自生七月大風折木壞禾稼

五年六月廬江旱立冬雷電雨雹

六年十一月舒城大雪至次年正月初一日尤甚平地深數尺浹月始霽

七年秋合肥舒城蝗

八年眞定廬鳳淮揚五府饑廬江地震有聲如雷舒城石

自徙大二丈許有童子見而訶之曰石行乃止

九年合肥蝗

十年舒城大水禾苗淹沒

十三年旱饑廬江蝗

十四年旱饑廬江蝗　十二月巢縣雷電大雪無爲蝗

十六年三月巢縣地震　五月舒城蝗

十七年夏四月巢縣雪雹秋麥壞舒城大旱自正月至七月不雨升米百錢民多餓死邑令林材設廠賑粥存活萬人

十八年廬江旱江湖涌沒湖田舒城大疫死者枕藉于道

十二月巢縣大雷雪木冰

十九年夏舒城巢縣蝗　十二月廬江雨木冰林木大折

二十年舒城歲豐斗米錢二十文

二十三年合肥無爲廬江巢縣俱旱巢地忽產鳧茨民賴之　十二月舒城冰介著樹皆成花草繼以雪雷電交作

二十四年春舒城鶴子岡土人夢黃衣老嫗與語詰朝鋤地獲黃金上有文其後人多無意獲之數月始盡

二十五年合肥大雨七月至九月河湖溢

二十七年舒城諸生夏世熙家產五色芝一本　十二月巢縣大雷雨

二十八年舒城大水橋梁皆頹禾苗淹沒廬江饑

二十九年二月癸卯巢縣地震舒城大有年

三十一年廬江大旱湖水俱涸

三十三年合肥旱

三十四年六月柘皋出蛟平地水深丈餘漂溺甚衆　七月甘露降舒城張鎬冢几上三日　八月鮑侊家產紫芝

十二月巢縣地震合肥樹木著冰皆成花草之狀既而大雪雷電交作

三十六年正月巢縣雷電大雨　三月舒城諸生潘流光墓側產紫芝

三十九年七月廬江巢縣無爲大水

四十年閏五月合肥舒城廬江無爲大水壞民居

四十三年甘露降合肥學栢樹舒城旱　九月巢縣地震

有年

四十五年舒城蝗旱禾稼盡枯　十二月大風雪巢縣湖冰堅舒城雪竟月高數尺

四十八年舒城旱彗星見於東方長竟天

穆宗隆慶二年正月巢縣訛言朝廷選民間女數日婚嫁殆盡　七月舒城大水

神宗萬曆元年五月舒城雨雹

四年舒城訓導署中產瑞蓮

五年舒城天鼓鳴聲如雷

六年十一月舒城大雪至次年平地深數尺

七年十月巢縣雷

八年無爲巢縣水

十三年二月丁未廬州地震

十四年無爲巢縣大水

十五年無爲水

十六年元日巢縣學桂樹華

十七年郡屬大旱饑升米百錢人相食

十八年春疫巢縣旱

十九年十一月巢縣大雷

二十年舒城大熟斗米錢二十文

二十二年廬州大水

二十七年秋無爲水

二十八年舒城水無爲大水

三十五年無爲廬江地震

三十六年春夏霪雨漂麥江水暴漲廬江無爲所在漂沒

六月水入巢縣城魚甚多圩民賴以爲食

三十九年無爲州有星隕於地化爲石

四十一年無爲巢縣大水圩田無不沒者

四十三年十一月十一日無爲州青天有白氣自東南至

北斗垣忽爲雷聲不見

四十四年八月飛蝗自北來合肥廬江無爲巢縣食稻過

半

四十五年合肥無爲廬江舒城蝗

四十八年舒城旱　十一月舒城無爲巢縣大雪至次年
二月始霽雪上多黑點如烟煤散落山陰處積至丈餘人
以爲黑雪云
熹宗天啟元年無爲大雷舒城大雪自冬歷春深踰丈窮民
餓死者甚衆正月廬江雨黑雪如墨
二年八月無爲地震蝗
三年舒城大水
四年正月十三日巢縣東門屋二十餘間陷入地器皿材
木俱沒土中是年無爲巢縣水
五年夏無爲熒惑入斗秋杪出
六年合肥廬江大旱巢縣地震

莊烈帝崇禎元年無爲水大風拔木

二年舒城大水

四年七月十七日無爲地震

五年巢湖水渏雨月是年旱

七年四月巢縣西鄉地裂長二十餘丈久之得雨而合

五月初旬日移午有大星見中天其光甚明星之東仝月竝見皆相去不十丈蓋太白晝見陰甚陽微之徵秋廬江孕婦生子雙頭四手四足次年寇至城陷

八年舒城旱　七月黑眚見巢縣　十月柘皐田中出血

九年春巢縣𨑒山文筆峰下及小金山産紫芝數十本

冬無爲州熒惑入南斗勾己三次

十一年舒城洪水巷井行聲

十二年舒城巢縣旱蝗無爲遍地皆蝻人不得行

十三年舒城合肥旱蝗無爲大水

十四年大疫郡屬旱蝗羣鼠銜尾渡江而北至無爲數日

斃

十五年五月無爲西南有靑紅白氣沖天數日有烏鴉千

百繞城悲號初九日流賊破州城焚戮最慘

十六年正月十八日夜無爲白虹見西南　夏大水　冬

地震五夜如風濤人馬之聲宿鳥俱起

十七年夏秋巢縣大旱無爲旱

國朝順治元年合肥稔

二年秋舒城大熱
三年合肥稔
四年無爲大水
五年無爲大風壞屋拔木
六年正月六日無爲城門火　二月巢縣大風吹城堞傾
倒數十丈大木俱拔
七年十月朔日蝕無爲晝晦星見
九年無爲廬江大旱二月舒城三月巢縣地震是月大風
吹一黄子入雲中時大雨水深數尺衣履不濕良久下
十年正月廬江地震有聲　三月二十三日微雨有龍首
尾俱見　四月星隕黄泥闕化爲石大如斗夏大旱　冬

天鼓鳴大雪鳥獸多死合肥大饑

十一年正月朔舒城廬江地震五日廬江又震又鳳石山

産芝數百本

十三年正月巢縣西門西聖宮有刻木龍舟龍口出涎並

生鬚髯長寸餘

十五年舒城大水

十六年六月舒城大水

康熙元年合肥稔

二年合肥饑　秋九月初二日無爲江壩破城中水深丈

餘

五年舒城地震

六年合肥無爲巢縣蝗

七年夏無爲地震有聲合肥廬江舒城巢縣俱地震

九年舒城無爲巢縣大水

十年廬江慶雲見巢縣蝗無爲舒城大旱饑

十一年秋合肥大熟先有蝗食麥撫院靳移文城隍神驅之是歲春舒城大饑巢縣蝝生食麥及秧苗

十二年虎渡郛城北濠爲居民所斃

十六年五月初四日巢縣雨雹

十七年正月二十五日巢縣雷

十八年無爲合肥廬江巢縣大旱饑舒城旱

二十年合肥稔

二十二年十二月初九日巢縣雷
二十三年十二月十八日無爲州巢縣天鼓鳴
二十四年正月十七日巢縣雷
二十六年無爲大疫　四月二十日巢縣雨雹　十二月
初一日夜地動
二十九年無爲舒城巢縣大旱　冬奇寒河冰數尺竹木
凍死廬江大旱蠲賑
三十年十二月十六日巢縣大雷
三十一年無爲巢縣旱
三十二年正月合肥三河鎮民家產麒麟無爲廬江巢縣
旱自二月十六日至二十日大風飛沙　六月二十六日

五色雲見

三十三年正月十一日巢縣雷　二月初八日地震　三月大學士李天馥廬墓白燕來巢　十二月巢縣雷

三十四年正月十五日巢縣地震　五月巢縣大水

三十五年正月二十二十一日巢縣地動　十一月二十七日巢縣雷

三十六年二月巢縣地震三月初三日地又震巢縣湖水

淸

三十七年正月十六日巢縣雷電是歲合肥稔

三十八年六月二十五日舒城大水漂沒民舍合肥稔

三十九年正月十四日巢縣雷　冬無爲舒城大雪深五

尺許

四十年十二月十四日巢湖南雨豆味苦合肥稔

四十一年無爲大水合肥稔

四十二年合肥稔

四十四年巢縣麥秀兩歧

四十五年正月二十二日巢縣大雷　三月初一日九月初四日無爲巢縣天鼓鳴

四十六年十月巢縣無爲州河水鬬

四十七年無爲廬江巢縣大水　冬疫

四十八年春無爲游饑居民採草根樹皮以爲食大疫

四十九年無爲舒城巢縣大水

五十年郡屬旱蝗正月十六日巢縣雷

五十一年十一月二十六日地動合肥旱

五十二年大水六月十一日無爲州民張美成妻程氏一產三男是年合肥稔

五十三年合肥廬江舒城旱蝗無爲巢縣旱

五十四年六月無爲甘露降于柳

五十五年正月初六日巢縣雷雨　五月無爲江潮大漲合肥廬江旱

五十六年無爲州巢縣大有年

五十八年五月合肥洪水入城一日夜始退傾頹民房無數無爲州大水發蛟圩田多沒廬江大水壞民居舟行城

帀

五十九年無爲大稔

六十一年無爲旱

雍正元年無爲巢縣大旱蝗合肥稔

二年三月二十八日舒城蝗蝻遍野溝壑皆平十數日盡去　十二月十六日巢縣雷

三年七月巢縣大水

四年五月無爲雨彌月不止圩田多没　八月積雨江壩破漂没田廬舒城大風拔木雪雹大如雞卵　十月初五日大雷雹巢縣貢生唐廷祿田稻皆兩穗

五年廬江舒城水無爲大雨圩田盡破饑民食草根樹皮

殆盡巢縣水湖多產菱民採以爲食合肥稔

六年夏無爲巢縣疫秋大稔

九年舒城象山孝子賈又彪墓田出稻較常粒四倍邑令付先農壇佃作種以供粢盛合肥龔紹衣妻陳氏一產三男

十年廬江大有年　秋舒城水

十一年無爲旱

十二年三月無爲大雨雹　冬旱

十三年合肥南二里高坡圩麥穗兩岐　十二月無爲州虎至北郭數日斃之

乾隆元年冬無爲州大雪巢縣大水巢縣楊吳氏壽屆百

齡

二年正月初六日無爲西鄉民汪富生妻焦氏一產三男

合肥舒城廬江巢縣水

三年合肥廬江無爲旱

四年合肥廬江無爲旱

五年無爲蝗六月初八日文學魏海元子婦一產三男

六年春無爲水

七年無爲江潮大漲民多疫

八年春無爲大雪二月二十八日雨豆於州境　秋水

九年舒城潘劉氏壽百齡

十年合肥水

十四年合肥水

十八年合肥徐浩然妻一產三男

二十年合肥廬江無爲巢縣水

二十二年無爲水

二十三年合肥水

二十四年合肥水

二十九年無爲廬江巢縣水

三十一年無爲廬江巢縣水

三十三年合肥旱

三十四年合肥廬江無爲巢縣水

三十九年合肥旱

四十年合肥廬江巢縣旱

四十五年無爲許遇氏壽百齡

四十九年合肥方直五世一堂廬江何應魁五世一堂廬江王汪氏壽逾百齡

五十年郡屬俱大旱道殣相望

五十一年合肥廬江無爲巢縣水

五十三年無爲廬江巢縣水

五十八年無爲水合肥劉均若壽百齡

五十九年合肥稔

嘉慶元年無爲程允文五世一堂親見七代

二年合肥旱

三年廬江監生盧之時五世一堂親見七代

五年無爲職員薛宗倫五世一堂親見七代

六年廬江洪令孜壽逾百齡合胞監生蔡玉禾五世一堂親見七代

（清）黄雲修　（清）林之望、汪宗沂纂

# 【光緒】續修廬州府志

清光緒十一年（1885）刻本

續修廬州府志卷九十三

花翎道銜江南安徽廬州府知府淸泉黃

祥異志

陰陽災異附會五行史例相沿勿庸變更水旱休咎占候所生方隅異紀謹察其萌

周匡王元年六月辛丑朔日有食之董仲舒劉向以爲楚滅舒蓼之兆

簡王十二年十二月丁巳朔日有食之董仲舒劉向以爲楚滅舒庸之兆

靈王二十三年八月癸巳朔日有食之董仲舒以爲楚滅舒鳩之兆

漢文帝四年六月大雨雪後三歲淮南王長謀反廢徙蜀

武帝建元元年有星孛於北方劉向以爲淮南王謀叛之兆

元光元年七月癸未先晦一日日食劉向以爲淮南衡山合謀之兆

元狩元年十二月大雨雪民多凍死是歲淮南衡山王謀反事覺

元封五年廬江獲龜二十枚長尺有二寸輸太卜官

永光五年夏及秋大雨水壞廬江民舍

後漢明帝永平六年二月王雒山獲寶鼎太守獻之詔

納太廟

十一年濼湖出黃金廬江太守以獻

安帝永初七年廬江大饑調零陵桂陽租賑之

順帝永和二年八月熒惑犯南斗斗爲吳明年江賊蔡伯流等攻九江旋平

四年四月熒惑入南斗斗爲揚州熒惑犯之爲兵

六年九江丹陽賊周生馬勉等起兵攻沒郡縣

桓帝元嘉元年九江廬江大疫

獻帝建安二十二年居巢大疫

蜀漢後主延熙十五年十二月吳地大風震雷是歲魏軍三道攻吳諸葛恪破其東興軍二軍亦退明年恪攻

新城喪眾大半

二十二年新城疫死者大半

晉武帝太康十年十二月癸卯廬江雷大雨

元帝建武三年八月木連理生汝陰

大興二年五月淮南廬江諸郡蝗食秋麥

四年廬江縣民何旭家忽聞地中有犬子聲掘之得一母犬青蒼色狀甚羸走入草中不知所在視其處有二犬子一雄一雌

成帝咸和八年四月甘露降襄安縣蔣胄家

穆帝永和元年三月甘露降廬江郡內桃李樹太守路永以聞

安帝義熙元年八月月犯斗第一星按江左來南斗有災則吳越廬江諸郡各隨其星應之

宋文帝元嘉十二年六月淮南等五郡大水

十七年五月白鹿見汝陰宋縣太守文道思以獻

二十年二月大流星出紫宮入北斗魁又一出貫索中經天市垣後魏人殘破南豫等六州民死大半

八月木連理生汝陰豫州刺史劉遵考以聞白鹿見譙郡蘄縣太守鄧琬以獻

二十七年六月丙午白鹿見南汝陰豫州刺史南平王鑠以獻

孝武帝大明七年五月辛未白雀見汝陰豫州刺史垣

護之以獻

梁武帝天監十二年合肥大水

北魏世宗熙平四年二月揚州上言汝陰縣木連理

梁武帝普通四年廬江大水

北魏世宗正光四年二月揚州上言汝陽縣木連理

唐高祖武德二年九月合州上言慶雲見

太宗貞觀十二年九月廬州獻野繭

十五年五月癸未廬州獻白鹿

十七年合肥舒城大疫次年疫

武后垂拱二年巢縣產嘉禾廬州刺史裴靖以聞禾產

唐海田中一本六穗符載作表上之

元宗天寶十四年廬江郡人王恭家有李樹連理結紫
實
代宗永泰八年六月庚辰廬州上言廬江縣紫芝草生
一根兩莖一丈五尺又合肥棠梨樹上烏鵲同巢
九年七月丁酉廬州獲白鼠二舒州獲白雀並獻之
文宗太和七年秋廬州大水害稼
昭宗大祐間廬州大火往往有持火夜行者或射之仆
皆襯版腐木及敗帚之類數月乃止
宋太祖建隆五年廬壽諸州大水
眞宗景德三年五月無爲軍甘露降
四年廬宿泗等州麥自生

大中祥符二年八月有青蛇出無爲軍廨長數丈十六日大風雨拔林木壞城門營壘民舍壓死千餘人九日復然晝晦不可辨遣內侍張景宣馳驛䘏視免次年租稅之半

五年舒城大饑無爲軍甘露降於桐冬無麥苗

九年廬州產芝之二本知縣余獻卿表上之　四月瑞氣覆巢湖郡守繪圖以獻

天禧元年五月甘露降廬州通判廳及后土祠

仁宗天聖九年六月廬州獲白兔

皇祐元年廬州合肥縣稻再實

三年無爲軍軍士岡產芝之三百五十本守臣茹孝標獻

於朝賜名紫芝之山

嘉祐四年九月廬州獲白兔

神宗熙寧四年九月廬州獲白兔

元豐元年梁縣嘉禾生

八年小山復產紫芝一本百莖是歲州人焦蹈狀元及第

高宗紹興五年大旱廬和濠楚州爲甚

孝宗隆興二年廬州無爲軍大水城市舟行者累日

三年六月廬舒蘄州水壞苗稼漂人畜

十一年無爲軍六月不雨至於秋九月

十五年淮甸大雨水淮水溢廬濠楚州無爲軍皆漂廬

舍田稼廬州城圯

十七年無爲軍民大饑

十八年無爲軍大旱

光宗紹熙五年無麥苗行都淮浙西東江東郡國皆饑

常明州寧國鎮江府廬滁和州爲甚

理宗淳祐十年合肥廬江旱

元世祖至元二十七年正月無爲路大水

成宗元貞二年廬州蝗

大德元年無爲州江潮溢

武宗至大元年蝗民大饑無爲尤甚

二年舒城合肥蝗

三年五月合肥舒城蝗

仁宗皇慶五年四月廬州合肥縣大雨水

英宗至治二年八月舒城饑

三年無爲大水

泰定帝三年五月廬州屯田旱　八月無爲大水是年免廬州路田租粟　九月廬州路蝗　十二月廬州路蝗賑無爲州

四年五月廬州路屬縣旱蝗

文宗天歷二年二月廬州路合肥縣地震　四月廬州無爲州蝗　七月廬州郡蝗

三年正月揚廬安豐等郡饑

至順元年饑

三年無爲州大水

至元元年廬州地震

至正十二年合肥甘露降柏樹次年降於松

明太祖洪武三十二年四月舒城秦鳳家產雞雛長頸方嘴高足毛羽五采遍身如丹砂一時傳以爲鳳

成祖永樂二年無爲大水平地丈餘

英宗正統五年舒城饑餓莩載道戶部主事鄒來學出粟賑濟

景帝景泰六年舒城大饑人相食

英宗天順六年合肥舒城蝗

十七年二月甲寅廬州地震

憲宗成化二年三年巢縣大饑

孝宗宏治元年冶父山古樹俗名木馬筋者忽枯至七年春枝葉復生視昔益茂近五行志所謂靑祥者

三年八月民間訛言兵變男婦奔走沈溺相失者不可數計三五日始定

四年廬江大旱饑

五年二月甘露降合肥縣學柏樹巢縣學桂樹華

六年九月大雪至次年三月乃止積深丈餘中有五寸如血山畜枕藉而死各縣多相同是歲廬江天井山龍池水沸湧出破船

十七年淮揚廬鳳洊饑人相食且發瘞胔以繼之

武宗正德三年廬鳳淮揚四府饑　五月廬江大雨水溢

五年五月大雨水舒城無爲民田廬舍多没

七年二月大雪色微紅雨豆菉黑褐三色星隕舒城東林岡赤光燭天未幾有流寇之警

八年舒城雨雹大如鵞卵或如升禾稼盡傷　十二月河冰厚二三寸人馬俱行其上

九年廬鳳淮揚旱

十三年蘇松廬鳳淮揚六府饑

十四年夏甘露降舒城學泮池棠梨樹

世宗嘉靖元年廬鳳淮揚四府同日大風雨雹河水溢

漲溺死人畜無算

二年夏旱秋淫雨無爲舒城巢縣並饑斗米千錢朝命户部侍郎席書會同撫按賑濟

三年春大疫巢縣死者枕藉廬江饑　秋舒城大熟

四年合肥麥自生七月大風折木壞禾稼

五年六月廬江旱立冬雷電雨雹

六年十一月舒城大雪至次年正月初一日尤甚平地深數尺浹月始霽

七年秋合肥舒城蝗

八年眞定廬鳳淮揚五府饑廬江地震有聲如雷舒城石自徙大二丈許有童子見而訶之曰石行乃止

九年合肥蝗

十年舒城大水禾苗淹没

十三年旱饑廬江蝗

十四年旱饑廬江蝗　十二月巢縣雷電大雪無爲蝗

十六年三月巢縣地震　五月舒城蝗

十七年夏四月巢縣雪雹秧麥壞舒城大旱自正月至七月不雨升米百錢民多饑死邑合林材設廠賑粥存活萬八

十八年廬江旱江潮漏没湖田舒城大疫死者枕藉於道　十二月巢縣大雷雪木冰

十九年夏舒城巢縣蝗　十二月廬江雨水氷林木大

折
二十年舒城歲豐斗米錢二十文
二十三年合肥無爲廬江巢縣俱旱巢地忽產鳧茨民
賴之　十二月舒城冰介著樹皆成花草繼以雪雷電
交作
二十四年春舒城鵲子岡土人夢黃衣老嫗與語詰朝
鋤地獲黃金上有文其後人多無意獲之數月始盡
二十五年合肥大雨七月至九月河湖溢
二十七年舒城諸生夏世熙家產五色芝一本　十二
月巢縣大雷雨
二十八年舒城大水橋梁皆圮禾苗淹没廬江饑

二十九年二月癸卯巢縣地震舒大有年

三十一年廬江大旱湖水俱涸

三十三年合肥旱

三十四年六月柘皋出蛟平地水深丈餘漂溺甚衆

七月甘露降舒城張鎰家几上三日　八月鮑侁家產紫芝之　十二月巢縣地震合肥樹木著冰皆成花草之狀既而大雪雷電交作

三十六年正月巢縣雷電大雨　三月舒城諸生潘流光墓側產紫芝

三十九年七月廬江巢縣無爲大水

四十年閏五月合肥舒城廬江無爲大水壞民居

四十三年甘露降合肥學柏樹舒城旱　九月巢縣地
震有聲
四十五年舒城蝗旱禾稼盡枯　十二月大風雪巢縣
湖冰堅舒城雪竟月高數尺
四十八年舒城旱彗星見於東方長竟天
穆宗隆慶二年正月巢縣訛言朝廷選民間女數日婚
嫁殆盡　七月舒城大水
神宗萬歷元年五月舒城雨雹
四年舒城訓導廨中產瑞蓮
五年舒城天鼓鳴聲如雷
六年十一月舒城大雪至次年平地深數尺

七年十月巢縣雷

八年無爲巢縣水

十三年二月丁未廬州地震

十四年無爲巢縣大水

十五年無爲水

十六年元日巢縣學桂樹華

十七年郡屬大旱饑升米百錢人相食

十八年春疫巢縣旱

十九年十一月巢縣大雷

二十年舒城大熟斗米錢二十文

二十二年廬州大水

二十七年秋無爲水

二十八年舒城水無爲大水

三十五年無爲廬江地震

三十六年春夏霪雨漂麥江水暴漲廬江無爲所在漂沒

六月水入巢縣城魚甚多圩民賴以爲食

三十九年無爲州有星隕於地化爲石

四十一年無爲巢縣大水圩田無不沒者

四十三年十一月十一日無爲州青天有白氣自東南至北斗垣忽爲雷聲不見

四十四年八月飛蝗自北來合肥廬江無爲巢縣食稻過半

四十五年合肥無爲廬江舒城蝗

四十八年舒城旱　十一月舒城無爲巢縣大雪至次年二月始霽雪上多黑點如烟煤散落山陰處積至丈餘人以爲黑雪云

熹宗天啟元年無爲大雷舒城大雪自冬歷春深踰丈窮民餓死者甚衆正月廬江雨黑雪如墨

二年八月無爲地震蝗

三年舒城大水

四年正月十三日巢縣東門屋二十餘間陷入地器用材木俱没土中是年無爲巢縣水

五年夏無爲熒惑入斗秋杪出

六年合肥廬江大旱巢縣地震

莊烈帝崇禎元年無爲水大風拔木

二年舒城大水

四年七月十七日無爲地震

五年巢湖水清兩月是年旱

七年四月巢縣西鄉地裂長二十餘丈久之得雨而合

五月初旬日移午有大星見中天其光甚明星之東全月並見皆相去不十丈蓋太白晝見陰盛陽微之徵秋廬江孕婦生子雙頭四手四足次年寇至城陷

八年舒城旱　七月黑眚見巢縣　十月柘皋田中出血

九年春巢縣龜山文筆峯下及小金山產紫芝數十本

冬無爲州熒惑入南斗勾巳三次

十一年舒城洪水巷井有聲

十二年舒城巢縣旱蝗無爲徧地皆蝻人不得行

十三年舒城合肥旱蝗無爲大水

十四年大疫郡屬旱蝗羣鼠銜尾渡江而北至無爲數日斃

十五年五月無爲西南有青紅白氣冲天數日有烏鴉千百繞城悲號初九日流賊破州城焚戮最慘

十六年正月十八日夜無爲白虹見西南　夏大水

冬地震五夜如風濤人馬之聲宿鳥俱起

十七年夏秋巢縣大旱無爲旱

國朝順治元年合肥稔

二年秋舒城大熟

三年合肥稔

四年無爲大水

五年無爲大風壞屋拔木

六年正月六日無爲城門火　二月巢縣大風吹城堞傾倒數十丈大木俱拔

七年十月朔日蝕無爲晝晦星見

九年無爲廬江大旱二月舒城三月巢縣地震是月大風吹一童子入雲中時大雨水深數尺衣履不溼良久

下

十年正月廬江地震有聲　三月二十三日微雨有龍首尾俱見　四月星隕黃泥岡化爲石大如斗　夏大旱　冬天鼓鳴大雪鳥獸多死合肥大饑

十一年正月朔舒城廬江地震五日廬江又震又鳳石山產芝之數百本

十三年正月巢縣西門西聖宮有刻木龍舟龍口出涎並生髭鬚長寸餘

十五年舒城大水

十六年六月舒城大水

康熙元年合肥稔

二年合肥饑　秋九月初二日無爲江壩破城中水深丈餘

五年舒城地震

六年合肥無爲巢縣蝗

七年夏無爲地震有聲合肥廬江舒城巢縣俱地震

九年舒城無爲巢縣大水

十年廬江慶雲見巢縣蝗無爲舒城大旱饑

十一年秋合肥大熟先有蝗食麥撫院靳移文城隍神驅之是歲春舒城大饑巢縣蝝生食麥及秧苗

十二年虎渡郡城北濠爲居民所斃

十六年五月初四日巢縣雨雹

十七年正月二十五日巢縣雷

十八年無爲合肥廬江巢縣大旱饑舒城旱

二十年合肥稔

二十二年十二月初九日巢縣雷

二十三年十二月十八日無爲州巢縣天鼓鳴

二十四年正月十七日巢縣雷

二十六年無爲大疫　四月二十日巢縣雨雹　十二月初一日夜地動

二十九年無爲舒城巢縣大旱　冬奇寒河冰數尺竹木凍死廬江大旱蠲賑

三十年十二月十六日巢縣大雷

三十一年無爲巢縣旱

三十二年正月合肥三河鎮民家產麒麟江南通志作三十三年合肥縣麟生於三河尖民家　無爲廬江巢縣旱自二月十六日至二十日大風飛沙　六月二十六日五色雲見

三十三年正月十一日巢縣雷　二月初八日地震　大學士李天馥廬墓白燕來巢　十二月巢縣雷

三十四年正月十五日巢縣地震　五月巢縣大水

三十五年正月二十二十一日巢縣地動　十一月二十七日巢縣雷

三十六年二月巢縣地震　三月初三日地又震巢縣

湖水清

三十七年正月十六巢縣雷雹是歲合肥稔

三十八年六月二十五日舒城大水漂沒民舍合肥稔

三十九年正月十四日巢縣雷　冬無爲舒城大雪深五尺許

四十年十二月十四日巢湖南兩豆味苦合肥稔

四十一年無爲大水合肥稔

四十二年合肥稔

四十四年巢縣麥秀兩歧

四十五年正月二十二日巢縣大雷　三月初一日九月初四日無爲巢縣天鼓鳴

四十六年十月巢縣無爲州河水鬪

四十七年無爲廬江巢縣大水　冬疫

四十八年春無爲洊饑居民採草根樹皮以爲食大疫

四十九年無爲舒城巢縣大水

五十年郡屬旱蝗正月十六日巢縣雷

五十一年十一月二十六日地動合肥旱

五十二年大水六月十一日無爲州民張美成妻程氏

一産三男是年合肥稔

五十三年合肥廬江舒城旱蝗無爲巢縣旱

五十四年六月無爲甘露降於柳

五十五年正月初六日巢縣雷雨　五月無爲江潮大

漲合肥廬江旱

五十六年無爲州巢縣大有年

五十八年五月合肥洪水入城一日夜始退傾頽民房無數無爲州大水發蛟圩田多没廬江大水壞民居舟行城市

五十九年無爲稔

六十一年無爲旱

雍正元年無爲巢縣大旱蝗合肥稔

二年三月二十八日舒城蝗蝻徧野溝壑皆平十數日盡去　十二月十六日巢縣雷

三年七月巢縣大水

四年五月無爲雨彌月不止圩田多没　八月積雨江壩破没漂田廬舒城大風拔木雪雹大如雞卵

十月初五日大雷雹巢縣貢生唐廷祿田稻皆兩穗

五年廬江舒城水無爲大雨圩田盡破饑民食草根樹皮殆盡巢縣水湖多產菱民採以爲食合肥稔

六年夏無爲巢縣疫秋大稔

九年舒城象山孝子賈又彪墓田出稻較常粒四倍邑令付先農壇佃作種以供粢盛合肥龔紹衣妻陳氏一產三男

十年廬江大有年　秋舒城水

十一年無爲旱

十二年三月無爲大雨雹　冬旱

十三年合肥南二里高坂圩麥穗兩歧　十二月無爲州虎至北郊數日斃之

乾隆元年冬無爲州大雪巢縣大水巢縣楊吳氏壽屆百齡

二年正月初六日無爲西鄉民汪富生妻焦氏一產三男合肥舒城廬江巢縣水

三年合肥廬江無爲旱

四年合肥廬江無爲旱

五年無爲蝗六月初八日文學魏海元子婦一產三男

六年春無爲水

七年無爲江潮大漲民多疫

八年春無爲大雪二月二十八日雨豆於州境　秋水

九年舒城潘劉氏壽百齡

十年合肥水

十四年合肥水

十八年合肥徐浩然妻一產三男

二十年合肥廬江無爲巢縣水

二十二年無爲水

二十三年合肥水

二十四年合肥水

二十九年無爲廬江巢縣水

三十一年無爲廬江巢縣水

三十三年合肥旱

三十四年合肥廬江無爲巢縣水

三十九年合肥旱

四十年合肥廬江巢縣旱

四十五年無爲許趙氏壽百齡

四十九年廬江王汪氏壽逾百齡

五十年郡屬俱大旱道殣相望

五十一年合肥廬江無爲巢縣水

五十三年無爲廬江巢縣水

五十八年無爲水合肥劉均若壽百齡

五十九年合肥稔

嘉慶二年合肥旱

六年廬江洪倉文壽逾百齡

七年廬江圩田大稔　巢縣旱

九年巢縣水

十年春舒城穀騰貴斗米錢四百餘秋有年穀仍貴

十三年巢縣水

十六年合肥民梁耀西壽百齡　巢縣旱

十七年廬江民婦李黃氏壽百齡

十九年合肥無爲巢縣大旱

二十年巢縣水

二十五年巢縣旱

道光元年合肥大疫　巢縣旱

三年五月廬江無爲巢縣蛟水大發壞田廬無算

七月巢縣大水圩堤潰決室廬盡淹城不没者三版居

民溺死無算

四年大有年

六年五月巢縣西鄉湖灘生蝗蔓延十餘里知縣舒夢

齡督農佃捕六日殆盡又是年自七月望至八月中秋

陰雨連緜農人不能收穫禾稻浸水中皆霉爛生芽邑

人謂之熟荒

十年十月巢縣桃李實

十一年合肥廬江無爲巢縣大水　無爲垻潰饑民奔避入城堞間蒿蓬相望
十二年巢縣大有年
十三年春合肥地震　無爲巢縣大水無爲江堤復潰饑民載道
十四年巢縣旱蝗
十五年巢縣蝗　四月陰霾鎮日數次
十八年五月無爲巢縣大水　冬大雪壓折房屋竹樹
二十二年巢縣大有年　六月朔日蝕過度晝見衆星
七月西方蚩尤旗見光達半天九月滅
二十三年六月朔日食既晝晦

二十五年合肥旱蝗無爲民張相國妻任氏一產三男

二十八年三月無爲大水埧潰巢縣永八月雨水雹禾

皆受傷

二十九年合肥廬江無爲巢縣俱大水沒田廬人畜有

入市深丈餘者　無爲大埧潰連歲荒民困苦不堪

三十無無爲大水官鎭二圩破　巢縣大疫　五月巢

縣東黃山一帶出蛟百餘尾腥水傷禾極廣

咸豐元年合肥民王朝宗妻杜氏壽百齡

三年正月無爲西北風大作黃沙漫天障蔽日月十數

日乃止　三月無爲巢縣雨豆　十八日擱鼓山山石

自立時有居民目見至今屹然　無爲油菜結子形似

刀槍斧鉞四年亦然　五月日中黑子摩盪逾刻而散

秋彗星見月餘乃沒　無爲米價每石八百文市無買

者

四年六月無爲鞍子巷胡姓家雄雞生卵約長寸許形

如人指　十一月無爲水沸河塘皆然　巢縣兩彗星

見

五年五月無爲雨血於兔兒岡

六年江南北州縣均大旱廬郡旱蝗米價騰貴野有餓

莩

七年正月二十七日亥刻無爲雷電大作時水軍攻城

南二月初九日無爲天鼓鳴有紅光墜地下三月初二

日天鼓復鳴初九日北風大作吹倒州治前綽楔西城外孫氏節孝坊南城外梁烈女坊蔣姓節孝坊　四月無爲太平鄉李結形似王瓜　秋無爲蝗稻禾有傷巢縣蝗　八月龍見雲際爪牙畢具

八年合肥巢縣旱蝗　三月巢湖水清三日　七月長星見西北乾方

九年巢縣湖水鬬彗星見

十年三月無爲雨雪深二尺餘　八月日月合璧　冬大雪

同治元年合肥旱蝗　舒城稻雙穗　冬十一月雷

三年巢縣麥秀雙歧　無爲大旱自夏迄冬無大雨

九月二十九日辰刻無爲地震有聲

五年合肥大風拔木地震　廬江舒城無爲巢縣俱大水

七年舒城民程仿顏妻方氏一產三男　九月合肥巢縣地震東龜山出蛟

八年合肥無爲巢縣俱大水

九年無爲大水圩堤漂沒一空　巢縣夏旱秋半稔

九月湖水清

十年無爲有年　九月無爲雨雪

十一年六月十九日戌刻無爲地震有聲

十三年六月長星見五諸侯上指丙階北斗側九月滅

光緒二年四月無爲蝗不爲災

四年七月巢縣桃李梅各花開放

五年六月二十一日無爲巢縣俱水鬬

六年四月巢縣夏閣鎮北五里王巨村井中漂石杵計重十八斤鄉人疑其不祥碎之又夏閣鎮南五里村得一鼈約重六斤高四寸許背有覆釜形鄉人剖其背中有小兒形長二寸生動宛然踰時漸縮漸小化水而没

七月初七日丑時巢縣地震又初八日巳刻合肥巢縣同時地震自西北向東北有聲如雷

八年五月初五日合肥鄉間出蛟平地水深丈餘淹没田房人口無算

九年八月初七日舒城秋後出蛟衝損田廬橋道人多傷　合肥廬江半稔　無爲巢縣水

十年各屬大稔

十一年合肥舒城半稔　廬江無爲巢縣水

（清）左輔纂修

# 【嘉慶】合肥縣志

民國九年（1920）王氏今傳是樓影印本

# 合肥縣志卷第十三

賜進士出身廬州府合肥縣知縣左輔纂修

## 祥異志

### 漢

永平十一年巢湖出黃金

是歲巢湖出黃金廬江太守以獻又案王充論衡云永平十一年廬江皖侯國民際湖皖民小男陳爵陳挺相與釣于湖涯見如錢等正黃數百千枚卽共掇攎各得滿手歸示其父國國驚曰安所得此此黃金也卽與俱往金處國自涉水掇取爵挺

鄰伍俱競采之合得十餘斤遂言于相相言太守

太守遣吏收取遣門下掾程躬奉獻具言得金狀

節錄論衡驗符篇

永初七年大饑

是年九月調零陵桂陽丹陽豫章會稽租米賑給

南陽廣陵下邳彭城山陽廬江九江饑民

元嘉元年大疫

是年二月九江廬江大疫

晉

元康五年大水

是年五月潁川淮南大水六月荆揚徐兖豫五州

又水

太興二年蝗

是年五月淮陵臨淮淮南安豐廬江等五郡蝗食

秋麥

宋

元嘉十七年五月白鹿見南汝陰

二十年八月木連理生汝陰豫州刺史劉遵考以聞

大明七年五月白雀見汝陰豫州刺史垣護之以獻

南汝陰汝陰皆今肥也

唐

貞觀十七年大疫

是年夏潭濠廬三州大疫

十八年疫

是年廬濠巴普郴五州疫

垂拱元年地生毛

是年九月淮南地生毛或蒼或白長者尺餘遍居人林下揚州尤甚

大曆二年大水

是年秋湖南及河東河南淮南浙東西福建等道

州五十五水災

貞元四年地生毛

是年四月淮南及河南地生毛

六年大旱疫

是年夏淮南浙西福建道大旱井泉俱竭疫

元和二年旱

是年淮南江南江西湖南廣南山南東西皆旱

四年旱

是年秋淮南浙西江西江東旱

九年大水

是年秋淮南及岳安宣江撫袁等州大水

永貞元年旱

是年江浙淮南荆南湖南鄂岳陳許等二十六州

旱

寶歷元年旱

是年秋荆南淮南浙西江西湖南及宣襄鄂等州

旱

太和四年大水害稼

是年浙西浙東宣歙江西鄜坊山南東道淮南京

畿河南江南荆襄鄂岳湖南大水皆害稼

七年大水害稼

是年秋揚楚舒廬壽滁和宣等州大水害稼

開成五年螟蝗

是年夏幽魏博鄆曹濮滄齊德淄青兖海河陽淮南虢陳許汝等州螟蝗害稼

大中六年饑

是年夏淮南饑

九年饑

是年秋淮南饑

咸通二年秋不雨至於明年六月

是年秋淮南河南不雨至於明年六月

三年饑

是年夏淮南河南饑

大順二年大饑疫

是年春淮南大饑疫死者十三四

宋

開寶四年水

是年白露舒汝廬潁水竝漲壞廬舍民田

五年大水

是年河決澶州濮陽絳和廬壽諸州大水

大中祥符四年麥自生
是年五月唐汝廬宿泗濠州麥自生
九年芝草生
是年八月知廬州余獻卿獻芝二一本宋史如此其
生何縣何地無考
天禧元年五月甘露降廬州通判廳及后土祠
天聖九年六月獲白兔
宋史不詳何縣與獻芝之事同
慶歷八年廬州合肥縣稻再實
治平元年水

是年慶許蔡穎唐泗濠楚廬壽杭宣鄂洪施渝州

光化軍水

熙寧四年廬州獲白兎

宋史不詳何縣

元豐元年十一月梁縣嘉禾生

大觀元年廬州雨豆

宋史不詳何縣

宣和三年五月梁縣民邢喜家牛生麒麟

紹興五年大旱

是年秋廬和濠楚大旱

隆興二年大水

是年七月平江鎮江建康寧國府湖常秀池太平廬和光州江陰廣德壽春無爲軍淮東郡皆大水浸城郭壞廬舍圩田軍壘舟行市中累日人溺死甚衆越月積陰苦雨水患益甚

乾道三年水

是年六月廬舒蘄州水壞苗稼漂人畜

淳熙十五年大水

是年五月淮甸大雨水淮水溢廬濠楚州無爲安豐高郵盱眙軍皆漂廬舍田稼

紹熙五年大旱饑

是年冬寧國鎮江府廬滁和州大饑人相食

咸淳十年春水冬旱

是年三月廬州水後旱舊志作淳祐十年旱誤

元

元貞元年水

是年九月廬州平江二郡大水

二年水

是年六月揚廬岳澧四郡水

大德三年旱

是年十月揚廬隨黃等州旱

至大二年六月合肥縣蝗

延祐五年四月合肥縣大雨水

泰定元年雨傷稼

是年七月眞定廣平廬州十一郡雨傷稼

四年蝗

是年十二月保定濟南衛輝濟寧廬州五路蝗

天曆二年蝗

是年四月大寧興中州孟州廬州無爲州蝗七月

眞定汴梁永平廬州大寧遼陽等屬縣蝗

二年饑

是年正月揚廬蘄黃安豐等郡饑

至元元年地震

是年十二月丙子廬州蘄州黃州同時地震

明

景泰五年大水

是年十月蘇松淮揚廬鳳六府大水

成化十七年地震

是年二月鳳陽廬州淮安同日地震

弘治十七年饑

是年淮揚廬鳳洊饑人相食
正德三年饑
是年廬鳳淮揚四府饑
九年旱
是年順天河間廬鳳淮揚旱
十三年饑
是年蘇松廬鳳淮揚六府饑
嘉靖元年大風雨雹
是年七月廬鳳淮揚四府同日大風雨雹河水泛
漲溺死人畜無算

八年饑

是年貞定淮揚廬鳳五府饑

三十三年饑

是年廬鳳淮揚並饑

萬歷十三年地震

是年二月淮揚廬三州及上元江寧等縣俱地震

江水沸騰

二十二年大水

是年七月鳳陽廬州大水舊志所記明代祥異甚多明史皆無若今所錄舊志又俱不載今從史

國朝

順治十年饑舊志○以下至康熙五十八年凡不注舊志者皆木鄭逵所記

十一年三月合肥縣南鄉鄭家莊産一雞三翼三足黄白毛三日死

康熙元年五月初一合肥縣城内大風拔木

二年饑舊志

六年六月合肥縣蝗禾麥盡空

七年夏地震舊志

十年夏蝗舊志

十八年饑舊志

二十六年二月合肥縣雨豆黑色三月地震

三十一年三月合肥縣鼓樓旁樗樹上產白鴉一是月二十四甘露降於鄭家莊檜樹五月白雀產於鄭家莊榆樹

三十二年合肥縣鼓樓旁樗樹上產赤烏一

舊志云是年三月麒麟產於三河鎮民家不著爲何物所生鄭達所記又無此異似不足信

三十四年七月合肥縣城內衙山樗樹上產一鳩二首二喙二目後大旱

三十五年正月合肥縣地震

四十一年五月合肥縣大水圩田盡渰

四十三年八月合肥縣南鄉鄭氏塋生五色芝之一

四十三年五月合肥縣大水平地水深三尺圩田盡渰

四十五年二月合肥縣大風拔木

四十六年正月合肥縣蜀山方山巢湖三處有龍掛

五十年蝗旱 舊志

五十一年春蝗秋旱 舊志

五十三年蝗旱 舊志 二月合肥縣有星隕於畤雍門外十二月大雪平地深四尺

五十四年合肥縣大旱六月大蜀山有虎至白日傷人

五十五年旱 舊志

五十六年七月合肥縣城牆夜哭三次

五十七年三月合肥縣城内火延燒四十四家閏八月南城外有虎至連爪死一人傷二人東鄉包城灣又爪死一婦人

五十八年五月十一日淇水入城一日夜始退壞塌屋舍無數 舊志

雍正九年龔紹衣妻陳氏一産三男 以下新增

乾隆三年旱

十四年大水

十八年徐浩然妻喻氏一產三男

二十年水

三十一年地生猪羊毛

三十三年旱

三十四年地震

三十七年大水

四十三年大雨雹

五十年大旱秋冬疫

八十六

五十一年大疫

合肥縣志卷第十三

# 【光緒】合肥縣志

（清）佚名纂

清光緒抄本

合肥縣志

雜類志

祥異

漢元封五年廬江獲龜二十枚長尺有二寸輸太卜官

永光五年夏及秋大雨水壞廬江民舍

後漢明帝永平六年二月王雒山獲寶鼎太守獻之詔納

太廟

十一年灤湖出黃金廬江太守以獻

安帝永初七年廬江大飢調零陵桂陽租賑之

桓帝元嘉元年九江廬江大疫

蜀漢後主延熙二十二年新城疫死者大半

晉武帝太康十年十二月癸卯廬江雷大雨

元帝建武三年八月木連理生汝陰

大興二年五月淮南廬江諸郡蝗食秋麥

四年廬江縣民何旭家忽聞地中有犬子聲掘之得

母犬青蒼色狀甚羸走入草中不知所在視其處有二

犬子一雄一雌

穆帝永和元年三月甘露降廬江郡内桃李樹太守路永

以聞

安帝義熙元年八月月犯斗第一星按江左來南斗有災則吳越廬江諸郡各隨其星應之

宋文帝元嘉十七年五月白鹿見汝陰宋縣太守文道思

以獻

二十年二月大流星出紫宮入北斗魁入一出貫索中

經天市垣後魏人殘破南豫等六州民死大半　八月

木連理生汝陰豫州刺史劉遵考以聞

二十七年六月丙午白鹿見南汝陰豫州刺史南平王

鑠以獻

孝武帝大明七年五月辛未白雀見汝陰豫州刺史垣護

之以獻

梁武帝天監十二年合肥大水

北魏世宗熙平四年二月揚州上言汝陰縣木連理

梁武帝普通四年廬江大水

唐高祖武德二年九月合州上言慶雲見

太宗貞觀十二年九月廬州獻野蠶

十五年五月癸未廬州獻白鹿

十七年合肥舒城大疫次年疫

元宗天寶十四年廬江郡人王恭家有李樹連理結紫實

代宗永泰八年六月庚辰廬州上言廬江縣紫芝草生一

根丙莖一丈五尺又合肥棠梨樹上烏鵲同巢

九年七月丁酉廬州獲白鼠二舒州獲白雀並獻之

文宗太和七年秋廬州大水害稼

宋太祖建隆五年廬春諸州大水

真宗景德四年廬宿泗等州麥自生

大中祥符九年廬州產芝二本知縣余獻卿表上之四

月瑞氣覆巢湖郡守繪圖以獻

天禧元年六月廬州獲白兔

仁宗天聖九年五月甘露降廬州通判廳及后土祠

皇祐元年廬州合肥縣稻再實

嘉祐四年九月廬州獲白兔

神宗熙寧四年廬州獲白兔 一

元豐元年梁縣嘉禾生

高宗紹興五年大旱廬和濠楚州為甚

孝宗隆興二年廬州無為軍大水城市舟行者累月

三年六月廬舒蘄州水壞苗稼漂人畜

十五年淮甸大雨水淮水溢廬濠楚州無為軍皆漂廬

舍田稼盧州城圮

光宗紹熙五年無麥苗行都淮浙西東江東郡國皆饑常

明州寧國鎮江府盧滁和州為甚

理宗湻祐十年合肥盧江旱

元成宗元貞二年盧州蝗

武宗至大二年舒城合肥蝗

三年五月合肥舒城蝗

仁宗皇慶五年四月盧州合肥縣大雨水

泰定帝三年五月盧州屯田旱

九月盧州路蝗十二月盧州路蝗

四年五月盧州路屬縣旱蝗

文宗天歷二年二月盧州路合肥縣地震

七月盧州郡蝗

三年正月揚盧安豐等郡飢

祥異　　三

至元元年廬州地震

至正十二年合肥甘露降柏樹次年降於松

明英宗天順六年合肥舒城蝗

十九年二月甲寅廬州地震

孝宗宏治五年二月甘露降合肥縣學柏樹

十七年淮揚廬鳳洊飢人相食且發瘞胔以繼之

武宗正德三年廬鳳淮揚四府飢

九年廬鳳淮揚旱

十三年蘇松廬鳳淮揚六府飢

世宗嘉靖元年廬鳳淮揚四府同日大風雨雹河水汎漲

溺死人畜無算

四年合肥麥自生七月大風折木壞禾稼

七年秋合肥舒城蝗

九年合肥蝗

二十三年合肥無為廬江巢縣俱旱

二十五年合肥大雨七月至九月河湖溢

三十三年合肥旱

三十四年十二月合肥樹木著冰皆成花草之狀既而

大雪雷電交作

四十年閏五月合肥舒城廬江無為大水壞民居

神宗萬曆十三年二月丁未廬州地震

十七年郡屬大旱飢升米百錢人相食

二十二年廬州大水

四十四年八月飛蝗自北來合肥廬江無為巢縣食稻

過半

四十五年合肥無為廬江舒城蝗

熹宗天啟六年合肥廬江大旱

莊烈帝崇禎五年巢湖水清兩月是年旱

七年四月巢縣西鄉地裂長二十餘丈久之得雨而合
五月初旬日移午有大星見中天其光甚明星之東全
月竝見皆相去不十丈蓋太白晝見陰甚陽微之徵秋
廬江孕婦生子雙頭四手四足次年寇至城陷
十三年舒城合肥旱蝗
國朝順治元年合肥稔
三年合肥稔
十年夏大旱冬天鼓鳴大雪鳥獸多死合肥大飢
康熙元年合肥稔
二年合肥飢
六年合肥無爲巢縣蝗
七年夏合肥廬江舒城巢縣俱地震
十一年秋合肥大熟先有蝗食麥撫院靳移文城隍神
驅之

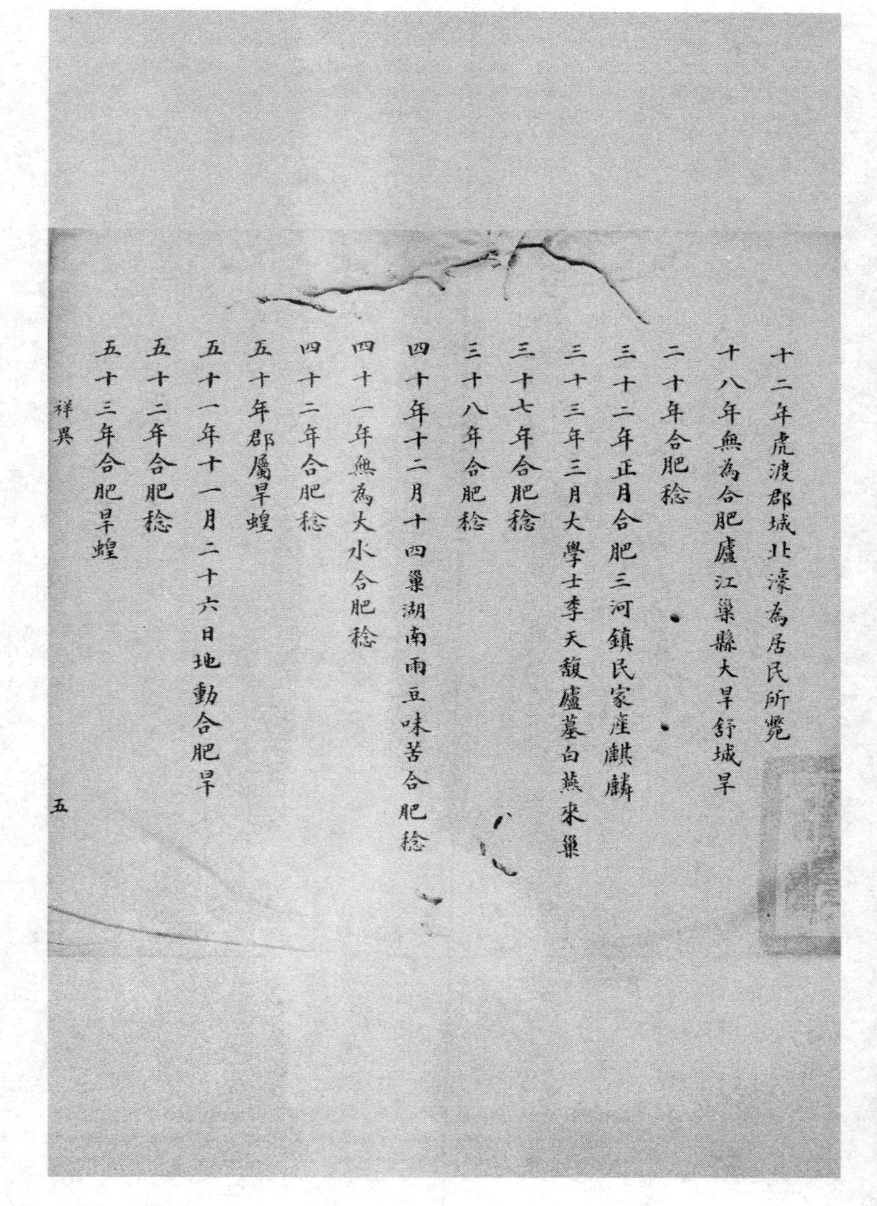
十二年虎渡郡城北濠爲居民所覺
十八年無爲合肥廬江巢縣大旱舒城旱
二十年合肥稔
三十二年正月合肥三河鎮民家產麒麟
三十三年三月大學士李天馥廬墓白燕來巢
三十七年合肥稔
三十八年合肥稔
四十年十二月十四巢湖南雨豆味苦合肥稔
四十一年無爲大水合肥稔
四十二年合肥稔
五十年郡屬旱蝗
五十一年十一月二十六日地動合肥旱
五十二年合肥稔
五十三年合肥旱蝗
祥異　五

五十五年合肥旱
五十八年五月合肥洪水入城一日夜始退傾頽民房
無數
雍正元年合肥稔
五年合肥稔
九年合肥龔紹衣妻陳氏一産三男
十三年合肥南二里高坡圩麥穗兩歧
乾隆二年合肥水
三年合肥旱
四年合肥旱
十年合肥水
十四年合肥水
十八年合肥徐浩然妻一産三男
二十年合肥水

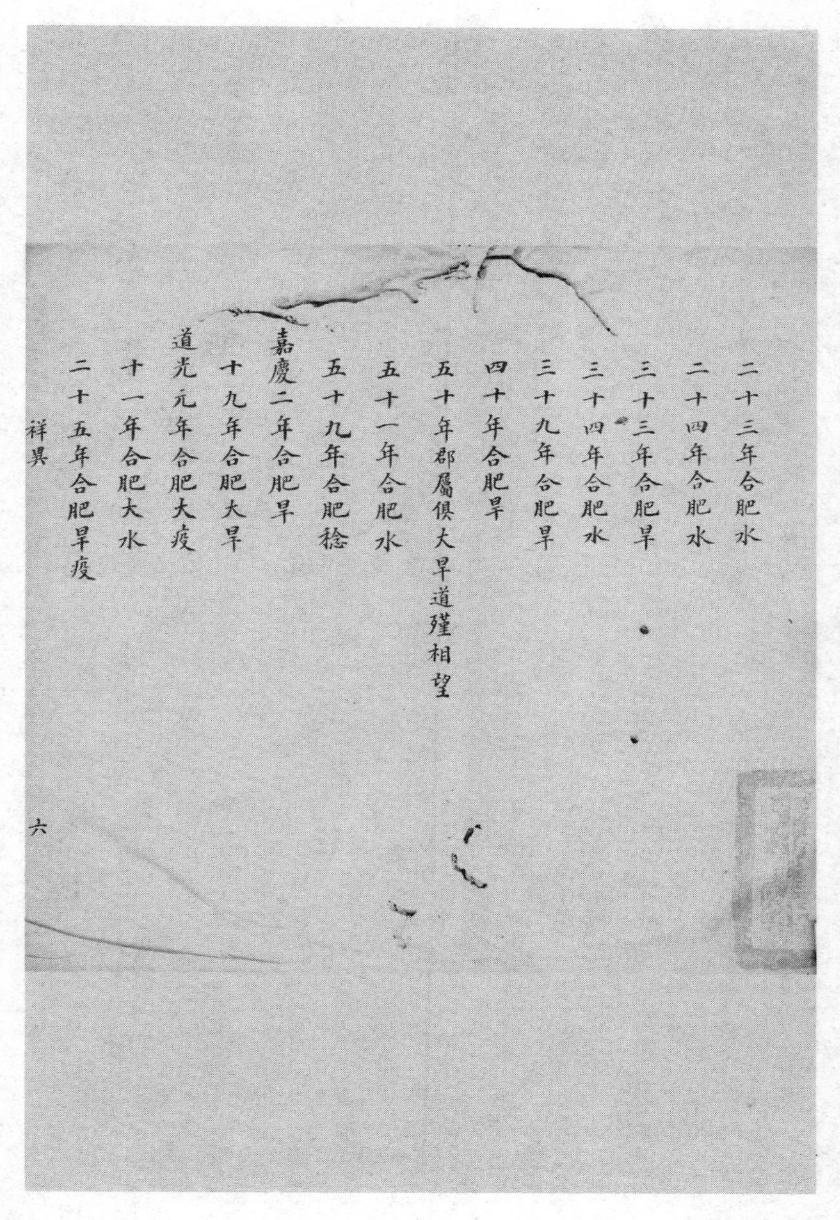
二十三年合肥水

二十四年合肥水

三十三年合肥旱

三十四年合肥水

三十九年合肥旱

四十年合肥旱

五十年郡屬俱大旱道殣相望

五十一年合肥水

五十九年合肥稔

嘉慶二年合肥旱

十九年合肥大旱

道光元年合肥大疫

十一年合肥大水

二十五年合肥旱疫

祥異　六

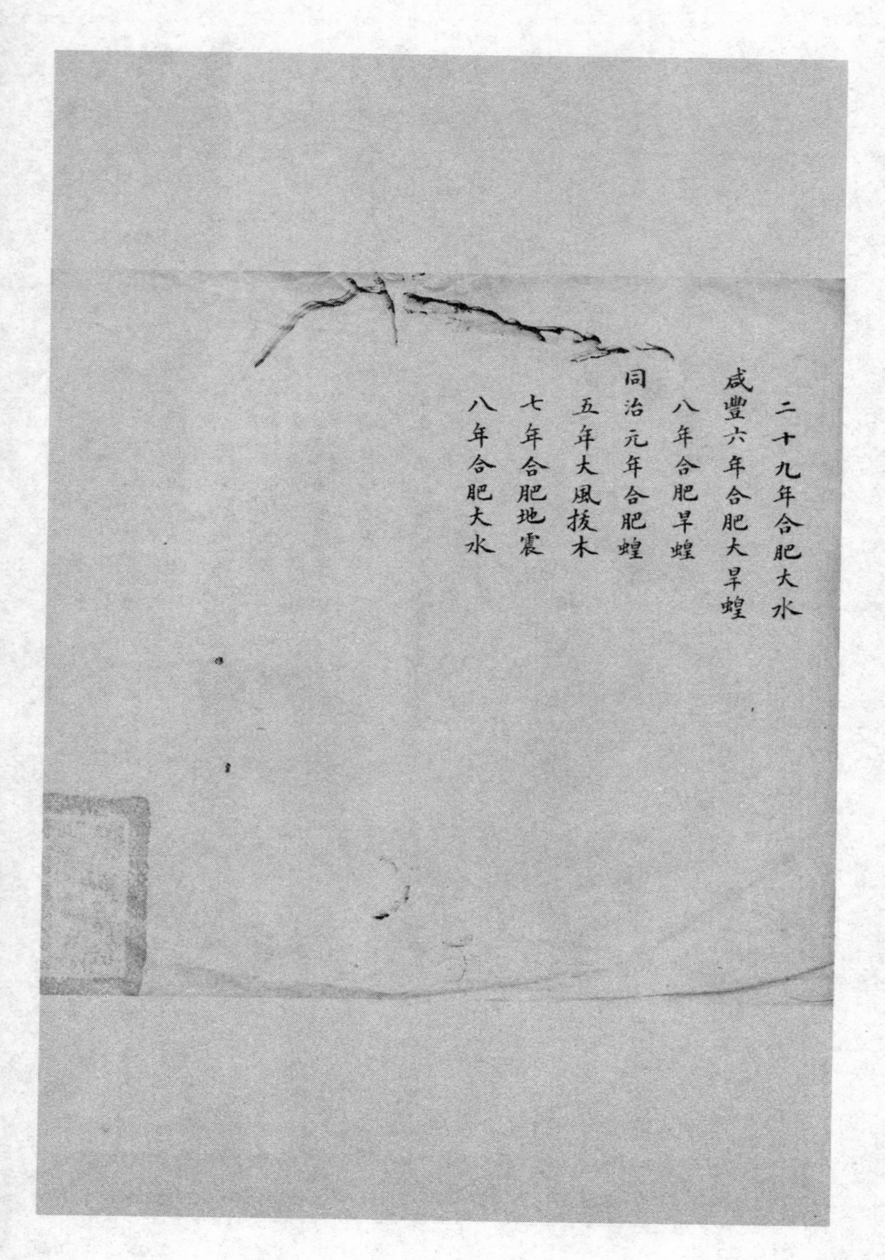
二十九年合肥大水
咸豐六年合肥大旱蝗
八年合肥旱蝗
同治元年合肥蝗
五年大風拔木
七年合肥地震
八年合肥大水

（清）朱成阿等修　（清）史應貴等纂

# 【乾隆】銅陵縣志

民國十九年（1930）鉛印本

銅陵縣志卷之十三

祥異

觀臺書雲驗於分至啓閉而保章之察妖祥周禮更設專官存修省叶占驗典至鉅也

故夫休徵嘉瑞物怪人妖雖彈丸小邑時亦有之志祥異

宋

紹熙三年五月大雨至六月不止水漂田廬溺死者無算

慶元三年鴛鴦化爲雉

嘉定八年大旱以上俱見宋史

開慶二年曹韓沙圓時章應雷登陳文龍榜一甲第三人舊志謂咸淳四年誤

景定三年冬十月大水

元

大德元年旱

二年水旱見元史

泰定三年饑見元史

天曆元年八月大水

二年大旱

至順元年閏七月大水

元統二年大饑發米一千石及募富民出粟賑之見元史

明

洪武元年正月庚寅彗見星畢之間

九年七月星孛北閩九月五星紊度日月相刑

十年十月白虹貫日其後叠見

十八年二月初昏五星並見

建文元年赤日無光熒惑守心

永樂元年飛蝗入境

十一年正月朔日有食之

十四年七月大水壞民田廬

二十年正月朔日有食之

宣德七年正月朔日食

正統六年正月朔日食

八年六月朔日食十一月又食時王振亂政

十二年大饑

十四年七月熒惑入南斗

景泰二年六月朔日食冬大雪彌旬

三年十一月日食

五年大水

六年四月朔日食

天順二年十月朔日食

三年十月彗出日暈數重

六年蝗

成化三年二月朔日食

四年二月朔日食十二月又食

七年大赦天下

九年四月朔日食

十年有年九月朔日食

十一年八月朔日食

十二年二月朔日食冬桃李華

十四年大旱無禾稼

十八年五月朔日食

二十二年二月朔日食夏大旱冬雷電

弘治元年六月朔日食歲大饑

二年大水十月朔日食

六月大雨水

七年雨黑豆三月朔日食秋大疫

八年三月朔日食十月地震

十年天鳴地震

十三年五月朔日食彗見

十四年九月朔日食

十五年五月九月日再食

正德元年三月朔日食天鼓鳴七月彗掃太微文昌五星淩犯（時劉瑾亂政大臣罹禍）

二年正月朔日食既

三年夏旱饑

六年有年

七年秋八月朔日食既（是年有流賊之亂居民逃匿始靈顯觀亦燬）

九年八月朔日食

十一年十二月朔日食

十二年夏大水蛟壞田舍秋大疫

十三年五月朔日食夏大水

嘉靖二年大旱饑殍盈野星孛天市

三年五星聚營室正月地震春夏饑疫

七年五月朔日食有年

八年十二月日食

十年六月彗見東井冬桃李華

十二年六月彗見八月又見掃太微垣諸星凡一百五十日始滅飛蝗蔽空

十三年大旱七月彗見十二月地震有聲

十八年大水四月彗見二旬乃滅

二十二年大旱民饑死者無算

二十四年無麥五月至八月不雨斗米錢三百

二十五年六月熒惑犯南斗

二十七年三月朔日食

三十二年正月朔日食大水

三十六年芝草生曹韓沙圖時余敷中一十六歲發解

三十八年冬桃李華

三十九年大水

四十年春地震二月朔日食大水

四十五年大水

隆慶三年正月朔日食六月大風拔水傷禾稼十月彗見十一月又見

四年正月朔日食

五年大水

六年六月朔日食

萬歷三年四月朔日食盡暝

四年有年

五年十月彗見凡四十餘日

七年大水

八年大水蛟起數十處平地水深數丈是歲大祲九年大饑

十一年十一月朔日食

十三年二月地震有聲城裂十一月震電

十四年大水沒仁豐諸圩冬雷

十五年元旦震雷大水諸圩盡沒

十六年大水

十七年大旱春及秋不雨民食草木根皮饑殍載道

十八年秋大稔七月日食

十九年大水圩沒什九十一月雷電

二十年大有年七月彗見如彈

二十一年十月朔日食
二十二年四月朔日晕
二十四年閏八月朔日晕
二十七年十二月雷電
二十九年夏霪雨圩田盡沒
三十年秋夜有星如卵光散照地後隨小星二復有大小流星飛行梭織
三十二年十一月夜地震
三十五年八月彗見東北十一月雷電
三十六年春日光摩盪夏張水浮溢市可行舟二旬水始退秋復大旱巡撫周公孔教賑恤之民賴存活
四十一年大水較三十六年水痕差減八寸許諸圩蕩沒
四十二年復大水江北諸圩蕩沒邑都埂未損府志云有鼠千萬羣從江北渡人郡境食禾苗有大鳥如鵝鸛者來食鼠鼠遂絕鳥亦不見

四十五年夏旱蝗不損稼秋有稜

四十七年除夕大雷電

四十八年元旦大雷電

泰昌元年十月雷電大雨十二月大雪兩閱月始霽凍死者無算

天啓元年正月大雪連旬

三年十二月地震

四年夏大雨傷稼七月地震

七年秋地震

崇禎元年夏大雨水圩沒殆盡七月地震大風害稼

二年十一月詹姓民家產子蟜首能言

七年夏六月有鼠成羣自江北渡入邑境食田禾

九年夏江水泛溢山圩稼死過半秋螟

十年正朔日食八年猪產象

十一年春不雨五月江漲秋冬復旱歲大凶

十三年夏水秋蝗饑殍遍野有刳肉以食者

十四年旱蝗尤甚疫疾大作

十五年夏大水秋旱蝗米價騰貴饑疾殍路者無算

十六年猪生白象即斃又牛生犢五足一足出背上

十七年秋大旱冬桃李華

國朝

順治二年有龍上銅鼓山（是年左兵蹂躪民不獲耕流亡殆半）

三年正月初二月圓明如境夏秋江潮不至歲頗稔

四年有年

六年夏大水秋蝗損禾

七年十月朔日食既

八年夏大雨水圩沒民饑

九年三月地震有聲垣宇搖撼秋大旱民饑奉　部議獲蠲折

十年八月太白經天大饑知縣劉曰義糶米千石賑之

十一年正月朔地震坐者幾仆涼繼以旱歲歉

十二年夏霪雨冬十月雷

十四年大水

十六年有年

康熙二年大水

七年五月太白經天

八年大水府志云是年二月銅陵火

十年旱

十一年大水

十二年旱民饑

十三年有年

二十三年大水

二十五年大水

三十一年秋天鼓鳴

三十二年旱民大饑

三十七年大水

四十一年春夏大雨秋旱

四十二年水旱

四十三年旱

四十四年旱

四十五年大水

四十六年旱五月地震八月水鬬

四十七年夏大水民饑都院劉 給賑

四十八年大水民饑夏疾疫

四十九年八月地震

五十年有年

五十三年旱

五十四年三月雨雹夏大旱

五十五年旱繼大水成災給賑

五十六年有年冬十一月雷震雨雪

六十一年有年

雍正元年九月飛蝗入境

二年五月洋湖蝗蝻生撲滅

四年大水成災給賑曹韓沙圖（是歲貢准徵解）

五年大水決諸圩廬舍漂沒給賑免糧有羣鼠啣尾渡江穴於東岸

六年有年

七年有年

八年大水成災給賑

九年有年九月虎入城

十二年九月地震

十三年旱秋八月江潮不至

乾隆元年有年

二年地震蛟起冬赤氣彌天

三年大旱民饑給賑

四年大水民疫六月蒔禾螟螣害稼

五年大永

六年有年

七年冬彗見西方至八年正月滅

八年大水蠲賑五月地震十二月彗見危度間

九年大水冬桃李華

十年青將軍灘蝗生不入境

十二年有年

十三年有年

十四年有年四月十九日風烈異常拔木壞廬舍

十五年有年八月十五日夜蛟出無數山石崩烈壞廬舍民多漂沒

十六年大旱免糧給賑

十九年有年

二十年大水七月十五日大風三日夜虫生傷稼

二十二年有年

論曰虞書羲和分職漢史五行列志推天徵人以人協天固禍福之所由判也

聖主御世上而珠聯璧合下而海晏河清以及鳳麟芝草瑞靄羨區雖堯水湯旱盛世間有

偏災而航粟蠲金不惜

國帑普賑鋼境方隅奚關徵驗然而今古變遷耳目更易其昭於形象者亦歷有可紀鳥

容簡略非登致忽於天人感應之徵也乎

（清）于覺世、陸龍騰等纂修

# 【康熙】巢縣志

清康熙十二年（1673）刻康熙增刻本

巢縣志卷之四

祥異志

庶徵協應五行有志麟經載筆災眚備記象緯呈變垂戒以示休咎先幾轉移有自桑穀立枯脩德所致禆竈言天曷勝人事熒惑三徙善言足識孝德所感嘉禾表瑞妖禎不一用志祥異

編年合紀

漢明帝永平十三年巢湖出黃金郡守取以獻

吳赤烏二年巢城陷爲湖按赤烏二年巳未乃吳孫權十六年戊午歲所改號至次年則己未舊志誤稱西晋今改正之

唐孝子唐海墓田中產嘉禾二本有嘉禾表見藝文志

宋大中祥符九年四月有瑞氣覆巢湖上有司命畫工繪圖上獻見郡志

宋元間巢湖湧大鐵鐘一口鐵佛一首作鐘樓貯鐘至崇禎八年樓焚鐘廢佛首現供慈氏寺中

明景泰年間孝子盛宗廬墓林中鵲巢連枝

成化二年三年大饑

弘治五年春二月縣學桂早花六年冬大雪至次年春二月始霽

正德七年流賊至柘皐人民驚走半月始還

嘉靖二年三月末無雨至秋八月民大饑知縣李謨設粥
賑濟然亦難偏有饑死者

三年春大疫死者枕藉

十二年冬十月巳卯夜中星隕如雨

十四年秋七月大旱蝗災冬閏十二月雷電大雪

十六年三月地震

十七年夏四月雪雹秧麥壞

十八年冬十二月大雷雪木氷

十九年夏六月蝗災

二十三年大旱地產葧薺民賴濟饑

二十七年冬十二月大雷雨

二十九年春二月癸卯地震

三十四年夏六月柘臯鄉出蛟平地水深丈餘壞室廬橋梁人民溺死者衆十二月地震

三十六年春正月大雨雷震夏五月倭寇逼南京聲息擾動人民驚走

三十九年大水城四門俱行舟次年大水如前

四十三年九月地震有聲

四十五年十二月大風雪巢河湖水堅氷行人凍死者衆踰月氷未解

隆慶二年春正月訛言選民間女數日婚嫁殆盡

六年春二月未驚蟄大雷電震人雪雹如指頂大雷擊紫

微觀樹一株

萬曆七年十月雷

八年大水

十三年二月初六日地大震墻屋有傾覆者

十四年大水舟入市

十六年元日學桂花開

十七年大旱米價壹兩伍錢疫大行

十八年大旱疫大行米價壹兩貳錢

十九年十一月二十九日大雷

二十五年夏霖雨不止圩田不得栽蒔次年同

三十六年江水暴漲異常五月下旬無不破之圩民居多漂沒乃群搭棚于岡阜六月十六日又增水一尺水入城直至譙樓門內老人云比嘉靖間水增尺魚甚多圩民取以鬻食山田夏旱半收米價止玖錢次年春上司發預備倉稻給圩夫脩圩岸兼行賑恤民無饑者秋歳大熟

四十一年癸丑大水圩無不沒者然較戊申之水尚減尺四寸

四十四年秋八月初旬飛蝗北至蔽天集地厚數寸食稃過半乃去是月二十八日午後西北上下鄉一帶居民訛傳白蓮教賊至盡棄家率男女等登山而避至半夜後絕無消息鷄鳴乃各還家冬十月蚩尤旗出長過天半濶數丈夜半于正東方見白光燭地如月至四鼓時有彗星出如炬長數丈芒角赤漬射如花火狀與蚩尤旗並月餘乃沒

四十八年冬十一月下旬大雪連綿不息至次年天啟辛酉歲二月初旬始霽霽時雪上遍處有黑點稀疎如烟煤散落人以爲黑雪云雪常消然平地猶積至二尺餘

一山陰處則丈餘行道有凍死者是年春夏雨水盛圩田
一多不耕種
天啟四年甲子春正月十三日早食時天氣晴朗忽東門
街河旁石岸上屋可二十餘間崩陷凡器用材木俱沒
一入土中時水涸岸去水甚遠岸下盡乾地及取起材木
等坎次清水出是年雨水盛圩田渰沒無收穫
五年春正月商船至廬州糴米道由巢河圩民至螳落河
運漕一帶圩鄉多橫海衛軍籍田渰沒無所得食饑地
界屬含山者十之八屬巢縣者十之二時縣官鄒得魯
又以丁艱卸事于是軍籍中馮梁者糾眾截船強奪借

而分之商懼以船泊東門衛河次饑民手滑又暴桀數
十人誘引愚弱從之夜乘小艇至搶米船衛民拒之時
値糧船以鑽鈎鈎小舟使覆沒死者百餘人適當四年
春岸圻之所明旦軍人會集千餘各持挺入市撈死者
屍四十有奇毁怨家屋米船乃盡移浮梁上泊西關渠
又揚言再集大衆攻浮橋取米船去于是城市鬨然挨
門具鎗刀器械以待三月果聚運漕楊柳圩大衆數千
持短棍鎗刀以至時城門晝閉河南居民集衆禦之彼
雖衆但思船米不敢傷人此因其不法奮戈擊之殺傷
數人衆奔潰越數日理刑徐日旻至巢出示曉以法紀

原情宥罪亂乃定是年秋旱

六年冬十月地震

崇禎五年湖水清兩月是年旱

七年四月西鄉大埠路旁地忽裂長二十餘丈以竹篙探之不竟久之得雨而合五月初旬日移午天中一大星甚明星東見全月皆相去不十丈蓋太白晝見陰盛陽微之徵

八年乙亥流寇初陷巢知縣嚴覺死之先是七年冬有傳中州流賊聲息皆笑而不信年終西人有賣醬鬻氊帽及作戲閒遊者散布街市為賊奸細巢人不之察也至

是年正月賊由河南光固地方分佈一由六安向廬境一由潁陽焚陵寢一面本府檄至儆城守一面逃難人紛至時縣令嚴巳陞蘇郡同知家屬巳遣至和州恐百姓搖心復追還爲城守計然承平既久白首未見兵革守禦器具倉卒難辦咸恇擾不知所爲二十一日賊突至柘皋二十二日清晨忽數騎猝至繞城一匝四門驚慌不知是賊與否嚴令率衆周巡恐有疎虞傳令城廂居民各屏榜木等項因啟北關探賊消息孰知賊巳伏城外射箭城中門不及闔蜂擁嚮應嚴公左右輿隸竄無一人因與同巡諸生皆被賊執一時賊騎盈街塞巷

城中鼎沸賊挨門延索初所獲人亦不甚殺從者役之不從者縲繫之拷掠財物則備加苦楚至曉不勝搜求則大肆屠戮焚燒官房民舍照耀天地傾頹墻屋聲聞數十里紳衿有罵賊死者有舉家自縊者有格鬬死者有索財不得而立砍死者有以板夾繩束而榨死者有繫縲兩日終不順從而與縣官同殺者聞名者幾四十人其幸免者如老生郭華臺善醫其渠魁初在巢遇病曾醫愈之臨殺而救免之是也翼日遣數騎渡河探道至連塘河發矢取人百步外擒鄉民曰前何地言散兵者卽殺之初賊騎至者僅千餘人翼日有白旗步覊二

千餘人自西關入殺戮益甚本城中被殺者五六千人四方來避寇者稱是有一繩牽十數人而二賊持刀挨次盡殺者有閉衆多于一室而縱火焚之立燼者或納人烈焰中或臠割嬰兒入鍋內煎食或剮人心肝入酒壜內煮以共飲啖又常以布裹童女二人縛鎗槊上插地灌油燃以祭神炙人頭取油爲炬種種慘毒未易悉數二十四日乃悉衆渡河向廬江而去所燒縣堂官舍尊經閣隍祠鐘樓牌房燬民舍則三分之二　七月黑眚至見者皆昏迷或如猫與人相搏醒則頸上有爪痕凡三日亦渡河向廬江去　十月東黃山及柘皋鄉一

帶田中多有出血者　十二月十七日賊寇圍郡城縣中聞警士民多登舟或逃匿山中于是城市皆空及郡城既燬其帥遂沿湖至上下鄉殺鄉貢一人民避入山洞者聚草縱煙斷風車足而灌之凡匿洞中者盡死又民衆數千聚方山據險壘石火器以禦賊不得上黑夜假婦裝抱小兒啼哭作避難狀山民納之至則舉刀亂砍一時奔竄賊四面簇擁而上所殺者二千餘人屍横遍野二十五日天將明至巢城時邑令王明德新任懷印登舟賊衆盡民居盡滿不能容是日遍含山鄉城亦滿明旦盡向和州而去房屋不甚燒燬盡　賊多亦欲借

民居以容又去速間縱火去後旋可撲滅賊高姓號闖
天王張示以民不迎爲言姑免焚掠詐也然猶殺數百
人或顧戀家財者或無力買舟而徒行者或藏匿不遠
而猝至難避者輒爲殺戮

九年春南鼉山文筆峰下及小金山產紫芝數十本

十年丁丑燕山寯李勳蒞政增城垣脩樓櫓濬城河嚴守
備募材勇賊至栢阜鎮一二日探騎過萬家山偵城中
有備而還

十二年旱

十四年春米價涌貴米一石價三兩三錢至市中無米可

羅民大饑餓死者數千人倒橫街市者匯接夏大疫死者萬餘人是年復旱湖水涸六月近河圩田始可運水蒔苗山田盡爲赤土八月賊盤據金牛十月有賊至湖南山中冬十一月十八日大雪賊至河南街時浮梁撤賊不得渡西關有單兵數千隔河對罵賊射之箭落河中兵射連傾二賊兵欲取舟渡河西關居民不可兵曰彼雖衆從大雪中來手足僵凍持刀無力又弓不堪使乘其勞困擊之機不可失民慮孤軍無繼弗予舟明旦兵策其必遁渡河賊已不及晨炊而去單兵者覃將標下川兵也 十二月又至焚殺一日而去

十五年二月初二日鷄鳴山賊復至河南街放火殺人傷庠士一人城中及兩關居民料其無船可渡未早食典史韓志義方廵城至小西門居民方臨河罵賊忽北方賊騎數十赴西城典史乃督壘石擊賊賊仰射典史于城上洞胸穿腋而死又數十騎猝至慈雲閣下臨河持弓箭亂射截船使不得出于是避亂舟中者惶急幸有帶鳥鎗噴鏡者發之賊懼舟乃出城中外奔竄戕庠士二人或倖脫或被獲時有避匿浮屠者數百人賊驅民用大钁穿之壞其一面其帥左金王欲渡河向濡須乃舍去衆乃出浮圖而免然賊往返城中及南河者幾一

月所殺亦數百人既破無爲猶戀南山中未幾叅將劉大珽軍至乃兵部史可法召募新軍也兵皆壯年器杖精良然從未臨敵獨叅將劉習戰陣乃發二千人馬二百二槖駝載輜重令劉將之至巢命以臨陣克敵而使黃姓爲監紀黃怯甚駐巢東廂聞南山有賊便不欲行劉不可明日卽渡師至雞皮河哨探賊駐盛家橋相去四十里黃堅不肯行因駐師大珽乃自領步兵二百馬二十騎直趨賊所遇賊騎十餘射殪一賊賊奔去俄自林中約賊六千餘出鬭劉望見之乃令步兵正營持滿外向俟其與營稍近卽與二十騎出營迎之劉又射殪

二賊賊潰而去劉慮其再合大衆乃拔營而赴雞皮河營黃聞之膽落星夜起師至巢劉語攝纂　令曰賊精甚騎廻環如飛我軍未練習心怯懦馬驚下不堪使兵衆曰幸將主殲三賊賊懼而退我輩始得保全不然幾爲賊所殺是行也倉卒奔還一橐駝行遲遂不及待人以爲賊掠去非也近曉方回蓋軍人以遲緩懼賊追及故易道而行然自是賊不復至巢矣又是年春潛山山中有土寇數百盤據淩家山寨出沒于河南扱鞋長衲持短鎗步行無馬又搶掠邊方耕牛及人家稻米在河南招人貿易賤其直仍送出營不加害于是無賴者間

興通利及北方騎賊渡河乃遁　五月廖副總師駐西

關

十六年夏大水圩田獨有存者　冬十月彗見西方白色

長數尺[illegible]尺上下如一月餘乃沒　十一月十二日壬

寅冬至大雪大雷　十二月無雲天有聲而震如雷而

響不止止而復作如是者凡數日

十七年五月始聞北變　總兵黃得功分藩儀真舟行過

巢　夏秋大旱圩田中亦無水山居有去十里二十里

外汲水者　冬黃得功移鎮無爲分總兵馬得功領馬

步兵萬人駐巢東西南三關百姓率家屬聚處城中如

坐砧上是時年荒穀貴馬至無爲黃帥處議掠取巢城民糧以足軍需黃怒曰汝欲叛耶可先殺我立責之當夜即發令箭至巢明旦起師渡江禦左兵去

天朝鼎運蕩剪鯨鯢兵革偃息民始獲有寧宇蓋亦治亂往復之數焉

清順治五年正月二十五日厲賊破巢城先是四年冬十月有厲豫者淮安鹽城人也于鹽城作亂事敗潛逃于此至南河魚行宋氏家假貿易爲名又有朱國材宣城人嘗爲明閣部史可法記室亦至變姓名主黃週圩民周氏敝衣艸履形容枯槁曰我史閣部也苦身勞形志

存恢復今約會兵數萬刻日齊集大事可圖也但機事貴密不可輕洩周氏信之厲豫時與潛通至是乃勾哄肥鄉高梁馬地薛氏誘愚衆千餘會集夜襲巢城巢人不之覺也城破執署篆通府張公奪印住城中三日誘引鄉城不事生業及博徒悖僕桀隸數百從之皆持木棍及竹竿二十九日往破無爲數日官兵至獲賊首朱國材厲豫從賊者盡殲滅仍誤殺良民無數

六年二月大風吹城堞傾倒數十丈民居墻垣圮覆甚多大木十圍有連根而蹶者草房吹去無數

九年三月夜地震是年大旱河流涸圩田圻深數尺禾苗

盡稿米石價叁兩鄉民或掘山菰根以食然無饑死者

九月二十日晚未黑有大流星從西而東赤光燭地如巨雷過時有聲響如擊賁鼓又是月東黄有牧童年十六七忽大風攝入雲中下大雨水深數寸其人不知有雨行數里至晚而下空窟中宿明日乃還衣履皆乾

十三年正月積雨浹旬不止西門西聖宮有龍舟首木質堊墁雕飾成形忽口中涎出粉泥沫成堆久之口旁髭髯生長可寸餘鬚潤匀細拔而視之上尖下齊居民建醮乃已又是時河中夜有光人疑爲蚌精數日乃循河而去

十四年五月有狐魅至橐皐或作人男女形迷惑人或索酒食坐席上會飲小魅從之如輿隷成群聚擁甚衆凡數日不過巢城從羊子衖徃含山去云畏巢紅黑二神

又湖中現圖氣湖南濱湖居民多見之

十六年七月海寇至巢破城時水盛大舟尾高城堞丈餘下瞰城中寇遂入城知縣趙諱熿以失城伏法

康熙三年九月初旬有星光氣如燭長尺餘隨星而上五鼓見每夜如常至冬末其光漸短然猶有四五寸許漸轉漸早遂以晚見至次年春月乃不見

六年秋蝗大至山圩田中稻食幾盡自七月至九月從北

向東南而去連續不絕

七年戊申六月十七日戌時地震城墻崩傾者百餘丈民居墻屋傾覆者甚多河南岸下水倒傾而上入人家

九年大水圩破

十年旱蝗至生子遍地歲大饑夏秋洵熱

十一年三四月緣生食麥及秧苗五月忽盡飛去獲有秋

楊于芳曰祥異之變有見有聞有傳聞聞與傳聞欲求詳而不得至所見則不可不詳也夫克儆天戒前聖所訓遇災而懼人道之常故繁霜十月之篇苕華召旻之什且與麟趾騶虞並昭千古況當革運

景命維新天道人事之應其可闕畧而不載乎

# 【道光】巢縣志

（清）舒夢齡纂修

清道光八年（1828）刻本

巢縣志卷十七　　巢縣知縣舒夢齡重輯

雜志一

祥異

後漢

明帝永平十一年巢湖出黄金廬江太守以獻

獻帝建安二十二年居巢大疫

晉

成帝咸和八年四月甘露降襄安蔣胄家

唐

武后垂拱三年巢縣産嘉禾廬州刺史裴靖以聞禾産孝

子唐海田中一本六穗符載作表上之

宋

太宗祥符九年四月瑞氣覆巢湖郡守繪圖以獻

明

成化二年三年巢縣大饑

成化五年二月甘露降巢縣學宮桂樹華

嘉靖三年春大疫巢縣死者枕藉

嘉靖十六年三月巢縣地震

嘉靖十七年夏四月雪雹秧麥壞

嘉靖十九年夏巢縣蝗

嘉靖二十三年巢縣旱産鳬茨民賴之

嘉靖二十九年二月癸卯巢縣地震

嘉靖三十四年六月柘皐出蛟平地水深丈餘漂溺甚衆

十二月地震

嘉靖三十九年七月巢縣大水

嘉靖四十三年九月巢縣地震有聲

隆慶二年正月巢縣訛言朝廷遣內監選民間女數日婚

嫁殆盡

萬曆八年巢縣水

萬曆十四年巢縣大水

萬歷十六年巢縣學宮桂早華

萬歷十八年春疫夏旱

萬歷三十六年六月水入巢縣城魚鰕滿溝澮圩民賴以取食

萬歷四十一年巢縣大水圩田無不没者

萬歷四十四年飛蝗自北來巢縣食稻過半

萬歷四十八年十一月巢縣大雪至次年二月始霽雪上多黑點如烟煤散落山陰處積至丈餘人以爲黑雪云

天啓四年正月十三日巢縣東門屋二十餘間陷入地器用材木俱没土中是年巢縣水

崇正五年巢湖水清兩月是年旱

崇正七年四月巢縣地裂長二十餘丈久之得雨斯合

崇正八年七月黑眚至遇者皆昏迷形或如猫與人相搏醒則頸上有爪痕凡三日渡河向廬江去十月東黃山及柘皐鄉一帶田中出血十二月十七日賊圍郡城縣中聞警士民登舟或逃匿山中及郡城礮斃其帥遂沿湖至上下鄉民逃入山洞者賊聚草縱煙灌之盡死又民衆數千據方山壘石挾火器以禦之賊不得上夜僞爲婦女抱小兒啼哭作避難狀山民納之賊因簇擁而上殺二千餘人屍橫遍野二十五日天明至巢城明日

向和州去猶殺數百人

崇正九年春巢縣東龜山文筆峯下及小金山産紫芝之數十本

崇正十二年巢縣旱蝗

崇正十四年春大饑市中無米可糴死者數千人夏大疫死者萬餘人是年復旱湖水涸山田盡爲赤土八月賊盤據金斗十月有賊至湖以南山中冬十一月十八日大雪賊至河南街十二月賊又至焚殺一日而去

崇正十七年巢縣夏秋大旱

國朝

順治六年二月巢縣大風吹城堞傾倒數十丈大木俱拔

順治九年三月巢縣地震大風吹一童子入雲中時大雨

水深數尺衣履不濕良久下

順治十三年正月巢縣西門西聖宮有刻木龍舟龍口出

涎並生髭鬚長寸餘

順治十四年五月有狐魅至縣北橐皋鎮幻作男女形惑

人或索酒食小魅從之如輿隸聚擁甚衆數日從羊子

街往含山去云畏巢縣紅黑二神又湖中現圖氣瀕湖

居民多見之

順治十六年七月海寇至巢時湖水盛漲舟尾高城堞丈

餘下瞰城中寇遂入城

康熙六年巢縣蝗

康熙七年巢縣地震

康熙九年巢縣大水

康熙十年巢縣蝗

康熙十一年巢縣蝝生食麥及秧苗

康熙十六年巢縣雨雹

康熙十八年巢縣大旱

康熙二十三年十二月十八日巢縣天鼓鳴

康熙二十六年四月二十日巢縣雨雹十二月初一日夜

地震

康熙二十九年巢縣大旱冬奇寒河氷數尺草木凍死

康熙三十一年巢縣旱

康熙三十二年巢縣旱自二月十六日至二十日大風飛沙六月二十六日五色雲見

康熙三十三年二月初八日地震

康熙三十四年正月十五日地震五月大水

康熙三十五年正月二十二日巢縣地動

康熙三十六年巢縣地震三月初三日地又震巢湖水溝

康熙四十年十二月十四日巢湖南雨豆食之味苦

康熙四十四年巢縣麥秀雙岐

康熙四十五年三月初一日九月初四日巢縣天鼓鳴

康熙四十六年七月巢縣河水鬬

康熙四十九年巢縣大水

康熙五十三年巢縣旱

康熙五十六年巢縣大有年

雍正元年巢縣大旱蝗

雍正三年七月巢縣大水

雍正四年巢縣貢生唐延祿田稻皆兩穗

雍正五年巢縣水湖多產菱民採以爲食

雍正六年巢縣疫大稔

乾隆元年巢縣大水

乾隆二年巢縣水

乾隆二十年巢縣水

乾隆二十九年巢縣水

乾隆三十一年巢縣水

乾隆三十四年巢縣水

乾隆四十年巢縣旱

乾隆五十一年巢縣水

乾隆五十三年巢縣水

嘉慶二年巢縣旱緩征

嘉慶四年巢縣旱緩征

嘉慶七年巢縣旱

嘉慶九年巢縣水

嘉慶十三年巢縣水

嘉慶十六年巢縣旱

嘉慶十九年巢縣旱崗田盡成赤土青草俱無

嘉慶二十年巢縣水

嘉慶二十五年巢縣旱

道光元年巢縣旱

道光三年七月大水圩堤潰決室廬盡淹城不沒者三版

居民溺死無算

道光四年巢縣旱

道光六年五月巢縣西鄉湖灘生蝗蔓延十餘里知縣舒

夢齡督農佃捕六日殆盡又是年自七月望至八月中

秋陰雨連綿農人不能收穫禾稻浸水中皆霉爛生芽

邑人謂之熟荒

附錄人瑞

唐棫欽天監副壽至九十九歲

唐儁壽至一百三歲仁壽坊因儁故名

淩士蕃壽至一百歲鄉飲二次

錢西橋壽至九十七歲

黄時壽至九十九歲

傅守巳壽至九十四歲

湯文仲壽至九十八歲

曹同豫壽至九十五歲

尹君翰玉山縣令壽至九十歲

尹元弼壽至九十七歲

侯以封壽至九十二歲

尹奉祖壽至九十八歲

陶琦壽至九十歲

吳之麟壽至九十五歲

胡月海壽至九十歲

孫永齡壽至九十六歲

周湛壽至九十一

柳天俊壽至九十三歲

曹正貴壽至九十一歲

翟應茂壽至九十四歲

沐旭生壽至九十三歲

潘榮舜壽至九十二歲

朱應宦壽至九十二歲

張廷貴壽至九十歲

魏羣宗壽至九十三歲

周廷武壽至九十二歲

方眷惠壽至九十三歲

方佩紳壽至九十二歲

張愃庠生壽至九十歲

王儁玉壽至九十八歲

管地讓壽至九十三歲

蔣艮任壽至九十四歲

李德泰壽至九十歲

金聲訓壽至九十二歲

周世署壽至九十歲

王載揚壽至九十二歲

趙宗儀壽至九十歲

何元秉壽至九十一歲

張玉舟壽至九十歲

戴耀先壽至九十歲

戴明有壽至九十歲

祖錫珍壽至九十四歲

汪龍明壽至九十六歲

鮑宏珍壽至九十五歲

金時振壽至九十歲

王耀祖現年九十四歲

王思贊壽至百歲恩賜冠帶並匾額

劉意監生壽至九十五子二孫五曾孫十一元孫四五

代一堂乾隆四十八年修學宫捐重金爲助五十年

奇荒周濟親友捐穀三百石有奇

金時換壽至九十一子二鰲庠生孫四大鏞庠生曾孫

十二振淮庠生元孫六五代一堂

查鳴周壽至九十六子二孫三曾孫七元孫十餘人五
世一堂
陳義明六世同堂親丁一百三十餘口前令史必大額
其廬
翟正舜壽至八十二五世同堂
何朝宗壽至九十有六子四孫八曾孫九元孫十三五
世一堂
薛純修北鄉小獨山人六世同堂親丁九十餘口嘉慶
二十二年邑人士臚其事呈於官
張天錫壽至九十歲子二長郁會現年八十五歲道光

元年舉壽官次大鵬中式武舉孫鉞金彪俱入武庠

吳登元壽至九十五歲四代一堂

翟盛之壽至九十三歲邑令馮　贈以額

郭子義壽至九十二歲

黃道生壽至九十歲受絹穀數次

# 【順治】含山縣志

（清）朱長泰修　（清）淩嘉瑞等纂

清順治八年（1651）刻本

## 虎集第五卷

### 祥異

聞之邑宰象符鳴雷郎官位躔列宿然則邑有祥異非關國也今實召之故魯邦政弱三冬無殺草之霜安邑化醇九夏鮮傷禾之雹君子誠以之自省而不徒委諸天則祥風扇沴氣消雖中牟之三異漁陽之兩岐可一致也含之祥異爰附於和故合和以爲志

漢

漢初歷陽之郡淪爲麻澧湖

按淮南子所言當在漢初晉志作漢明帝時非也

蓋淮南乃西漢人明帝乃東漢云

冲帝永嘉元年歷陽盜華孟稱帝

時滕撫進擊張嬰及孟皆破之東南悉平

獻帝建安十七年曹操擊孫權至濡須號四十萬孫

權率衆七萬禦之相守月餘春水方生操始還

後主建興元年魏曹仁以步騎數萬向濡須吳朱桓統

五千人仁遣其子泰攻濡須城不克引還

六年吳使鄱陽太守周魴詐以郡降於魏魏揚州牧曹休率步騎十萬向皖以應之魏主叡又使司馬懿向江陵賈逵向東關三道俱進吳擊敗之

延熙十五年吳諸葛恪修東興堤魏人擊之恪與戰於徐塘魏人敗走

吳主孫皓天璽元年歷陽長上言歷陽山石印封發俗謂當太平吳主遣使者祀之使者作高梯登其上以朱書石義曰楚九州渚吳九州都揚州士作天

子四世治太平矣皓聞之意[illegible]張[illegible]詩妄

寶鼎三年吳孫皓出東關遣丁奉至合淝

晉成帝咸和二年歷陽内史蘇峻舉兵反蘇峻在歷陽

外營將軍鼓自鳴如人弄鼓者峻手自破之曰而

作亂夷滅此聽不聰之罰也

三年祖約衆潰奔歷陽

四年冠軍將軍趙徵攻拔歷陽約奔後趙

安帝隆安二年王珣將兵討王恭譙王尚之將兵討

庾楷尚之大敗楷於牛渚楷奔桓玄玄大破官軍

於白石進至横江○庾楷鎮歷陽百姓歌曰重羅

黎重羅黎使君南上無還時後楷卒

元興元年桓玄至歷陽司馬休之敗走譙王尚之衆

潰

宋武帝孝建元年豫州刺史魯爽同南郡王義宣反遣

兵趨歷陽

齊王寶卷永元二年豫州刺史裴叔業以壽陽叛蕭懿

將兵在小峴以拒之

梁武帝太清二年侯景攻歷陽太守莊鐵以城降

三年合州刺史王範以州降於東魏乞師討侯景
屯濡須以待上遊之軍
簡文帝大寶二年豫州刺史荀朗自巢湖出濡須邀
景破其後軍
孝元帝繹承聖元年王僧辯等至蕪湖景將侯子鑒
據姑熟南洲以拒西師運糧於運漕河故運漕所
由名
敬帝紹泰元年齊遣梁貞陽侯淵明還梁稱帝以兵
納之三月齊人克梁東關夏五月王僧辯奉淵明

歸建康因改和州

北齊元寶三年齊將高寶宇與清河王高岳襲歷陽取之

陳文帝天嘉四年周迪越東興嶺爲寇詔護軍章昭達討破之

五年周迪復出東興誘南豫州刺史周敷殺之

宣帝太建五年吳明徹將兵擊齊厯梁廬江歷陽合肥降於陳○陳以黃法氍爲都督出歷陽齊遣其歷陽王將步騎五萬來援法氍大破齊軍遂逼

陽人皆窘蹙乞降法氍緩之既又堅守法氍怒

率士共攻城大雨城崩克之盡誅戍卒

十一年即周大象元年周取陳江北地歷陽沒於周

隋煬帝大業十二年杜伏威據歷陽至皇泰二年始降

於唐唐以爲和州總管

## 唐

肅宗上元元年江淮都統劉展反諸將陷滁和等州

宣宗大中十二年八月和州水害稼

懿宗咸通九年桂州戍卒作亂陷和州刺史崔雍引

賊入城賊遂大掠

昭宗大順二年五月孫儒遣兵據滁和楊行密攻克

之

宋

太祖開寶五年和州大水

真宗天禧元年和州蝗生卵如稻粒而細

高宗建炎三年金兀朮犯和州守臣李儔以城降通

判唐璟不屈死焉及破和州軍士潰圍四出於滁

湖爲水砦自保

四年河北盜酈瓊至和州爲金當海所敗遂降於劉
光世
紹興十一年兀朮陷廬州侵和州二月王德復和州
兀朮退師昭關德又敗之既而德又敗韓常於含
山縣東遂復含山及昭關○劉錡與關師古據東
關之險以遏敵衝引兵出清溪兩戰皆捷進戰柘
皋遂復廬州
紹興三年和州大旱
五年去冬不雨至於夏秋

三十一年冬十月金主亮入和州命李通造戰船壞城中民居以爲材木爇死人膏爲油用之○王權遶鎭節制自廬州退保昭關姚興戰死又退保和州又退屯采石

孝宗隆興二年和州大水淹民田舍

乾道六年和州饑

淳熙二年江浙皆旱和州尤甚

五年十一月和州牧營火燔有一百六十區

六年和州太饑

七年和州大旱

九年和州蝗

十一年和州水

光宗紹熙二年和州旱

三年和州大旱九月隕霜連三日

五年和州蝗旱饑甚人食草木

寧宗慶元六年華陽有大虺出於殿室一白雀與虺

相逐徘徊往來萬目指視略無驚猜

開禧二年金撲散揆圍和州屯於瓦梁河守臣周虎

乘城拒守合戰凡三十有四殺金驍將以十數城

得不陷

嘉定五年和州火燔民廬二千家

理宗淳祐二年蒙古兵入和州

恭帝德祐元年元陷和州

元

成宗大德元年六月和州水時江水泛濫漂民閒廬

舍合一萬八千五百區

泰定三年八月歷陽含山等縣水

太祖托身皇覺寺歲荒出遊江淮嘗夜陷淤湖中遇群童稱迎聖駕叱之不見

十五年說滁陽王遣張天佑踰陸陽關取和州上復將兵三千人繼至乃入撫定城中遂總和陽兵分遣趙德勝等略平含山諸縣既而巢湖俞廖諸將來附上率兵至巢湖時雙刀趙屯黃墩蠻子海牙阻馬腸河上率俞廖諸將出湖口至銅城閘益兵與戰由裕溪出江至和州遂定渡江之計

永樂元年麻灃湖水渙散吏目張良興建言爲田得

三萬一千二百六十畝

成化二十二年二十三年和州連旱

正德六年霸州賊劉六寇和州江境吏目李琮善騎

射中其賊首一人仆舟遂遁去

嘉靖二年和州大旱絕禾稼

三年和州大疫

六年和州水決圩害稼

七年蝗

十四　蝗

十五年三月地震

十九年蝗

二十三年大旱

二十四年南二都民人田地忽陷爲池方一畝

二十五年儒學教諭宅後産芝一本雲房層起

二十八年含素無虎至是連年多虎或至城下

三十一年南二都民家井中有聲若牛一月方止

三十三年旱三月初五日西廂火延燒七十餘家

三十七八九年大水至四十二年水勢殺繼以旱

四十三年旱九月地震

隆慶四年旱

萬曆十三年地震至十四五年俱水

十七年大旱大災城中井涸北門火災

三十六年水大異常自石門山漲過梅山尾舟通[illegible]河天響小西門火災

四十一年大水異常

天啓元年春雪一日

崇禎八年流寇數千餘從柘皋剽掠入含山城肆[illegible]

焚刼縣譙樓縣署及察院儒學明倫堂尊經閣

付煨燼民間屋舍焚毀者不計其數

十三年流寇又入含山城北年大旱寸草不生餓[illegible]

接踵於道

十四年又旱饑民或行市或行道傾臥仆即死

先數年和州北望市地出血二次

十六年

十七年即

清順治元年清兵收服南京和含男婦俱避兵於麻山劉總鎮副總姓侯與秋將官率衆過含山搶擄殺傷者甚衆婦女金帛悉載歸六安山中有避於石洞中者俱以煙熏死

皇清

順治六年春蓍山出虎花山梅山俱至人多見之後渡江去

# 【康熙】含山縣志

(清)趙燦修　(清)唐庭伯等纂

抄本

祥異附

漢

漢初歷陽郡淪為𤃩灃湖

宋

武帝大明五年登梁山有雙白雀集於鳳臺羣臣咸

呼萬歲立雙石闕於梁山

陳

光大九年熒惑入南斗

唐

宣宗大中十二年八月水害稼

宋

太祖開寶五年大水

真宗天禧元年蝗生卵如稻粒而細

紹興三年大旱

紹興四年冬不雨至于五年秋

孝宗隆興二年大水淹民田舍

乾道六年饑

淳熙二年江浙旱和含尤甚

淳熙五年十一月麥無苗

淳熙十一年大水

光宗紹熙二年旱

紹熙三年大旱九月隕霜三日

紹熙五年蝗旱大饑人食草木

寧宗慶元六年華陽有大虵出于殿一白雀與虵相逐徘徊去來萬目指示畧無驚猜是年大旱

元

成宗大德元年大水時江水泛溢淹没和州民閭廬舍蕩一千五百餘區并為含害

泰定三年秋八月大水

明

太祖托身皇覺寺歲荒出游江淮夜陷瀕湖中遇羣童擁迎聖駕叱之不見

成化二十二年二十三年連旱

嘉靖二年大旱絶禾稼

嘉靖七年蝗

嘉靖十四年蝗

十五年三月地震

十九年蝗

二十三年大旱

二十四年南二都田地忽陷爲池方一畝

二十五年儒學教諭宅後產芝一本雲房層起

二十八年虎至城下

三十一年南二都民家井有聲若牛一月方止

三十三年旱三月初五日西廂火灾延燒七十餘家

三十七年八年九年連年大水

四十二年旱

四十三年旱九月地震

隆慶四年旱

萬曆十三年地震

十四年十五年大水

十七年大旱城中井涸民大疫北門火災

三十六年大水異常自石門山尾舟過梅山抵城下

天鼓鳴小西門火災

四十二年大水泛溢入城

天啓元年春雪百日
崇禎八年流寇至含山火縣譙樓衙署察院儒學明倫堂尊經閣民間廬舍無算
十年流寇復至含山
十三年大旱饑民接踵於道
十四年大疫大旱飛蝗蔽天饑民枕籍先是縣東南和州界白望市地湧血　是年流寇掠廬至含

皇清

順治二年明兵過含男婦潛避麻山剽掠殺傷者甚

象山中多石洞俱以煙薰死

順治六年虎至花山梅山後渡江去

順治八年秋八月星隕

順治九年旱

順治十一年產嘉禾一莖五穗

順治十四年黑眚見妖恠為祟六月大風裂瓦拔木

妖乃止

康熙二年秋大水

康熙三年縣鼓樓火　是年秋蝗入境不食禾

康熙四年有秋

康熙七年夏地震有聲

康熙九年大水為災

康熙十年旱秋蝗食禾生卵

康熙十一年春蝝生

康熙十二年斗米三十餘文十三年春李樹結食如王瓜形

康熙十六年夏雨雹

康熙十七年旱

康熙十八年旱蝗

康熙二十二年夏秋亢邑令趙延太平醫官王道亨施藥以萬計民德之季冬雷電

康熙二十三年正月大雷電雨雹

按周禮以五雲之物辨吉凶水旱降豐荒之祲象以十有二風察天地之和命乖別之妖祥匡衡曰天人之際精祲有以相盪善惡有以相推事作于下者象動于上陰陽之理各應其感洪範亦云在天為五行在人為五事五事之得失而休咎之徵應焉是以聖人不能違災能禦災也不能違時能輔時也故曰人

强勝天所謂見危于安見勞于逸震無咎者存乎悔也天垂象見吉凶是即天心之仁愛也

含山縣志
十

# 【光緒】直隸和州志

（清）朱大紳修　（清）高照纂

清光緒二十七年（1901）活字本

# 直隸和州志卷三十七

## 雜類志

### 祥異（附載人瑞）

秦漢間歷陽有老嫗常行仁義有二書生過謂之曰此國當沒爲湖嫗視東城門閫有血便走上山勿反顧也自此嫗數往視門閫閽者問之嫗對如是其暮門吏故殺雞血塗門閫明旦老嫗往視門見血便上北山國沒爲湖

東晉蘇峻在歷陽外營將軍鼓自鳴如人弄者峻手自破之曰我鄉土時有此則城空矣俄而作亂夷

滅

庾楷鎮歷陽百姓歌曰重羅黎重羅黎使君南上
無還時後楷南奔桓元爲元所誅

宋文帝元嘉十八年二月木連理生歷陽劉成之家
南豫州刺史武陵王駿以聞　二十一年木連理
生歷陽烏江南豫州刺史武陵王駿以聞　二十
三年七月庚辰嘉禾生一莖九穗醴湖屯屯主王
世宗以聞

武帝孝建三年七月癸未木連理生歷陽太守袁
敳以聞　大明七年四月乙丑白雀見歷陽太守

建平王景素以獻　十一月癸巳車駕習水軍於
梁山有白爵二集華蓋有司奏改大明七年爲神
爵元年詔不許
明帝泰始二年八月戊午嘉瓜生南豫州刺史山
陽王休祐以獻　己未南豫州刺史山陽王休祐
獻蓮二花一蒂
順帝昇明三年三月白虎見歷陽龍亢縣新昌邨
齊武帝永明十年蘭陵民齊伯生於六合山獲金璽
一紐文曰年予主
梁元帝承聖元年十二月天門山獲野人出山三日

而死

陳後主禎明元年江自方州東至海赤如血

隋煬帝大業十三年江淮數百里絕水無魚

唐太宗貞觀元年鸞見

德宗貞元二年魚鼈蔽江而下無首夏六月江溢

文宗太和七年秋大水害稼

宣宗大中十二年八月水害稼

五代吳楊隆演稱唐天祐十二年冬濬楊林江水中

出火可以然

宋太祖乾德四年進綠毛龜　開寶元年大水江

年五月大水　六月木連理生畫圖以獻

眞宗天禧元年蝗生卵如稻粒而細

高宗紹興元年五月旱　朱勝非出守江州過梁

山龍入其舟纔長數寸赤臂綠腹白尾黑爪甲目

有光　三年大旱　五年大旱自去冬不雨至夏

秋民大饑八月蝗

孝宗隆興元年七月大水浸城郭壞廬舍圩田軍

壘操舟行市者累日人溺死甚衆越月積陰苦雨

水患益甚　二年七月大水　六年冬饑　湻熙

二年秋大旱　五年十一月牧營火燔一百六十

區　六年旱冬饑　七年大旱自七月不雨至於
九月　九年六月烏江縣蝗　十年冬月旱　十
一年四月大水湮民廬壞圩田
光宗紹熙二年五月旱　三年大旱九月丁未隕
霜連三日殺稼　五年大旱八月蝗冬饑人食草
木
寍宗慶元六年旱　嘉定五年五月己未大火燔
二千家
度宗咸淳七年三月戊寅賑民饑
元成宗元貞元年秋七月大水　大德元年六月江

漲漂沒廬舍萬八千五百餘家　冬十月戊午自

春及秋不雨　五年八月蝗

武宗至大二年蝗　三年五月蝗

泰定帝泰定三年秋八月大水

文宗至順三年夏六月大水

明太祖洪武十八年大水

英宗正統二年四五月河淮泛漲漂民居害禾稼

天順十七年二月甲寅地震

憲宗成化十七年二月甲寅地震

孝宗宏治十八年九月甲午地震

世宗嘉靖二年大旱自二月至六月不雨秋大饑斗米三百錢死亡無算　三年大疫　六年水

七年蝗　八年水饑　十三年旱　十四年蝗

十五年地震　十八年大水入城　十九年蝗

二十三年旱　二十四年含山縣南田陷爲池方一畝　二十五年含山教諭宅產芝　二十八年有虎至城下　二十九年水　三十一年含山民家井有聲如牛一月止　三十三年大旱　三十四年蝗　三十七年春三月含山火燔七十餘家是年大水　三十八年旱　三十九年大水　四

十年水　四十一年水　四十二年旱　四十三
年地震
穆宗隆慶四年旱
神宗萬歷二年旱　十三年春二月地震有聲江
濤沸騰　十七年旱　三十六年大水入城壞民
廬舍　四十二年大水入城　四十四年雨雪黑
正月大雪見紅黄黑三色屋上有巨人跡　七月
旱蝗　十二月地震出水
熹宗天啟元年春雪百日　七年羣鴉蔽天哀鳴
自投州前江水死

光烈帝崇禎八年城有虎患白望市湧血芥結茄豆豕生馬象各一　十三年大旱　十四年飛蝗蔽天　十六年十一月十二日震電雨雪揚子江乾一日至夜復流

國朝順治三年　文廟殿前生芝三十六莖　五年含山産嘉禾一莖五穗

康熙二年秋九月大水　七年六月十七日地震

九年大水　十年旱蝗生卵　十一年四月蝗不傷苗有秋　十八年旱蝗　四十七年大旱三月至秋乃雨有秋　四十八年旱大疫

雍正三年旱　四年大水　五年大水　七年含
山棠梨樹爲祟以羊豕祈者無虛日居人至列茶
酒肆以沽報賽者邑宰命伐之掘地見蟻數斗妖
遂息　九年大疫
乾隆元年旱　三年大旱山產黃獨民賴以生
九年蝗　二十年大水　二十一年饑　二十四
年蝗入境不食禾　二十五年飛蝗蔽日　二十
九年元旦霧　五月地震　六月江潮害稼浸沒
沿江民舍梁山漁人得大黿如箕　三十年十二
月地震　三十二年江漲淹沒田禾廬舍　三十

三年大旱　三十四年江水泛漲入城中淹沒公私廬舍　三十五年春饑夏大疫有秋　三十八年芥菜結扁豆及人物之形監生周鉦家生異蓮紅白各半如界畫　四十三年夏旱　四十五年遍地生白毛長寸餘　四十九年冬無雪　五十年大旱饑民食草木殍殣載道　五十一年春大疫　五十三年秋七八月大水過於三十四年害稼　五十五年縣學宮產靈芝

嘉慶五年水　七年水　九年水　十二年旱　十九年大旱　二十年水

道光元年旱　三年大水圩堤潰決室廬傾頹圩

民溺死無算　十一年大水淹沒田廬視三年災

荒更甚　十三年大水田廬多被淹沒　十六年

有秋蝗不爲災　十九年大水淹田廬　二十一

年大水淹田廬　二十八年大水至城郭淹沒田

廬　二十九年大水入城中至百福寺初地淹倒

公廨私廬無算圩田罄盡逾月始退出城數百年

來水患莫此爲甚

咸豐三年芥菜結兵器形　六年大旱斗米千錢

八年大水

同治元年大疫蝗不傷苗　四年狼入城市食人畜　五年狼爲患如故春麥穗雙歧　六年秋旱　八年大水至城郭壞民舍潰圩堤　九年大水　十二年冬大火燬二百餘家　十三年旱　光緒元年春監生高慕涵家田麥秀雙歧　秋旱　二年九月飛蝗蔽日　四年大水壞圩隄殆盡　八年水　九年水　十一年水　十三年冬大雪深五六尺壓倒民舍　十六年冬蝗　十七年大旱蝗　十八年旱蝗不爲災　二十二年夏積陰淫雨羣圩皆沈　二十四年夏水動

耆民苟汝言一百一歲
監生夏天俊妻陳氏八十四歲親見七代五世同
堂奉　旨旌額七葉衍祥
耆民隆汝蛟同妻　氏親見七代五世同堂
耆民王愼吉九十八歲親見七代五世同堂
耆民陶義高一百二歲五世同堂　恩賜員
外郎建百歲坊於河村鋪南
按善志輿地書一載祥異始秦漢閒迄　國朝
道光十六年止今補東晉以來事十六條續自
道光己亥至光緒戊戌爲雜類志祥異東晉蘇峻事見

晉書五行志宋昇明三年事見齊書祥瑞志陳禎明元年事隋大業十三年事唐貞元二年事俱見江寧府舊志宋開寶五年事隆興二年事俱見通考明洪武十八年事天順十七年事萬曆十三年事俱見明史五行志嘉靖二十四年二十五年三十一年三十七年事四條俱見舊志　國朝順治五年事雍正七年事俱見江南通志

（清）顧浩修　（清）吴元慶等纂

# 【嘉慶】無爲州志

清嘉慶八年年（1803）刻本

# 無爲州志卷三十四

## 集覽志一

各以類登已成九志而天時有感通人事有疑信層見疊出皆與志乘相比附故傳聞異詞軼見他說者不少非蒐羅印証何以盡政治之休徵通古今之異軌哉萃爲集覽以廣見聞

### 禨祥

雝雝拱桑著於書日食星隕紀於春秋禍福之倚伏豈不視乎人事哉蝗不入境濡之先有明徵矣水旱蠡蝝轉移之權抑亦長吏之澤也備載之知綏靖嘉師其皆克謹天戒者乎

漢永平六年二月王雒山獲寶鼎廬江太守獻之（東觀漢記）永平十一年巢湖出黃金廬江太守以獻（廬陽志）

蜀漢延熙四年吳大雪平地深三尺鳥獸死者大半是年全琮攻略淮南戰死者千餘人 十五年十二月吳地大風震電是歲魏軍三道攻吳諸葛恪破其東興軍二軍亦退（府志）

晉咸和八年四月甘露降襄安縣蔣肯家（東晉書）

元帝大興二年五月蝗食秋麥（文獻通考）

唐濡須境內孝子唐海田中產嘉禾一本六穗一本五穗廬州刺史裴靖具表以聞符載作表上之荆楚歲時記按是時無爲即巢邑符載表見藝文志

宋大中祥符二年八月有青蛇長數丈出無爲軍廨十六日大風雨拔木城門營壘盡壞壓死千餘人九月復然晝晦不可辨遣內侍張景宣馳驛郵視免次年租稅之半見通考舊志以青蛇作六年八月事誤　五年三月甘露降於桐冬無麥苗通考　九年四月瑞氣覆巢湖郡守繪圖以獻府志作元年誤　皇祐三年六月

城內小山產紫芝三百五十本守臣茹孝標獻於
朝
宋郡人王栐(燕翼詒謀錄)曰太宗皇帝以海內混一四方無虞乃於江南置太平軍江北置無爲軍取太平無爲之義太平後改爲州無爲之建在淳化四年十二月戊戌至大中祥符二年建軍方十有六年災異變怪忽發八月中有青蛇長數丈出郡治十六日風雨拔木城門營壘盡壞壓死千餘人夜三鼓方止九月乙亥奏至眞宗皇帝亟命中使張景宣馳驛恤視民壞屋者無出來年夏租壓死者家賜米一斛無主及貧乏之者官收瘞之命長吏就宮觀精虔設醮爲民祈福是時方尚祥瑞宰相甚怒加譴郡守眞宗不從其後守臣懲艾於五年三月壬午奏甘露降桐樹七年七月庚寅奏聖祖殿叢竹內獲毛屨二以爲聖祖降九年四月奏瑞氣覆巢湖畫圖來上皆奉承上意也洎至皇祐三年仁宗皇帝在位三十年矣六月丁亥守臣茹孝標奏城內小山生芝三百五十本悉以上

進改名其山曰紫芝山蕞爾一部婁不應一時所
産若是之多也上怒曰朕以豐年爲瑞賢臣爲寶
草木蟲魚之異烏足尚哉茹孝標與免罪戒州縣
自今無得以聞大哉王言足以警臣子之進諛者
矣據此則舊志沿府志
謂賜名紫芝山恐誤 元豐八年小山復産紫
芝一本百莖是歲州人焦蹈狀元及第 隆興二
年大水城市舟行者累日 七年六月不雨至秋
九月 淳熙六年大旱饑 十五年大雨淮溢無
爲軍漂廬舍田稼郡城圮 理宗寶祐間復産紫
芝一本百莖
〔元〕大德元年江湖溢 武宗至大元年蝗民大饑

無爲尤甚 至治三年大水 泰定帝三年八月大水是年免盧州路田租發粟賑無爲州 天歷二年四月蝗 至順三年大水

（明）永樂二年大水平地丈餘 宏治六年大雪天井山龍池水沸湧出破船詳後雜記府志作盧江 正德五年五月大雨民田廬舍多沒 嘉靖二年夏旱秋淫雨大饑朝命戶部侍郎席書會同撫按賑濟十四年蝗 二十三年大旱 三十九年大水四十年大水圩田盡沒 萬歷八年大水 十三

年二月六日巳時地震有聲　十四年大水　十五年水　十七年大旱饑　十八年春疫　二十七年秋大水　二十八年大水　三十五年八月十五日地震　三十六年江水暴漲城四圍水深數丈溺死無數　三十九年有星隕於西鄉華張橋之槿木岡（落地化爲石石上有孔土人不敢動移因名其地爲天星宕）　四十一年大水圩田盡沒　四十三年十一月十八日青天有白氣自東南至北斗垣忽爲雷聲不見

四十四年八月飛蝗食稻過半　四十五年蝗

四十八年十一月大雪山陰處積丈餘次年二月始霽雪上多黑點如煙煤散落人以爲黑雪（詳府志）天啓元年春大雪五十餘日 二年蝗八月地震 四年大水 五年夏熒惑入斗秋杪出崇正元年水八月大風拔木 四年七月十七日地震 九年冬熒惑入南斗勾已三次 十二年遍地皆蝻人不得行 十三年大水圩破殆盡十四年大疫復旱蝗羣鼠啣尾渡江而北至無爲數日斃 十五年五月西南有青紅白氣冲天先

數日烏鴉千百遶城悲號初九日獻賊破州城焚戮最慘八年至十六年賊屢犯州十五年爲極　十六年正月十八日夜白虹見西南夏大水沒圩幾盡歲洊饑餓殍載路

國朝

順治元年甲申有秋　四年丁亥大水　五年戊子大風隕牆拔木是年僞史閣部朱賊擁衆據州城旋撲滅之州民亦多被戮　六年己丑正月六日夜城門火　七年庚寅十月朔日蝕晝晦星見

雞鳴夜西北大雹　九年壬辰大旱　十年癸巳大旱　十一年甲午大旱　十六年己亥六月海寇犯州士民多被慘禍

康熙元年壬寅秋有穫　二年癸卯九月大水壩破　七年戊申六月十七日地震有聲景福寺塔項墜民間廬舍傾倒甚衆　九年庚戌大水圩田盡沒　十年辛亥旱　十一年壬子春大饑秋有穫　十七年戊午十二月朔泮池冰忽解飛擲櫺星門外　十八年己未大旱　十九年庚申春大

饑　二十三年甲子十二月十八日天鼓鳴　二十六年丁卯大疫　二十九年庚午旱冬奇寒竹木凍死　三十一年壬申旱八月潮始來十一月訛言採選民間女數日內鄉城婚嫁殆遍　三十二年癸酉旱二月十六至二十大風飛沙蔽日六月二十六日祥雲見　三十四年乙亥大水　三十九年庚辰十一月大雪次年正月始霽　四十一年壬午大水　四十五年丙戌九月初四日天鼓鳴　四十六年丁亥六月十九日晚有流星從

東向西赤光燭地十月河水鬬無風波自起民間甕缶水皆躍　四十七年戊子大水圩田盡沒冬疫　四十八年己丑春洊饑民採草根樹皮以食繼大疫流離死亡甚衆　四十九年庚寅大水七月二十日迅雷風雨城中倒石坊三座東城橋下烏死無算　五十年辛卯旱蝗　五十二年癸巳大水六月十一日民人張美成妻程氏一產三男五十三年甲午旱八月雨始洽秋蝗不爲災圩田大稔　五十四年乙未六月甘露降於柳在五神寺

街盛宅之側　五十五年丙申五月江潮大漲舊壩破
園竹多花槁死　五十六年丁酉大有年四月十
六日晚西南白氣冲斗口忽如圓月轉而黃光射
如晝移刻始散六月暴風數日拔木飛瓦十二月
初六夜雷鳴初十夜亦如之　五十七年戊戌十
二月甲子雷鳴次二日大雪復雷鳴次日仍雪晚
東南有電　五十八年己亥五月蛟雨没圩六月
旱　五十九年庚子大稔　六十一年壬寅旱
雍正元年癸卯旱圩田有收　四年丙午春大旱

五月後淫雨沒圩六月六日白氣竟天七月初五夜亦如之八月積雨江漲破圩漂沒廬舍　五年丁未五月至七月前後大雨圩盡沒歲饑民食草根樹皮殆盡　六年戊申春洊饑而疫死亡甚衆秋稔　十一年癸丑旱　十二年甲寅三月大雨雹冬不雨雪　十三年乙卯十二月虎至北郊斃之

乾隆元年丙辰有秋冬大雪　二年丁巳正月初六日民人汪富生妻焦氏一產三男　三年戊午

自春徂秋不雨岡田旱未插　四年己未春不雨五月微雨山圩田半插六月旱秋僅半穫歲除前一夕大雷雨　五年庚申秋蝗不爲災歲稔六月文學魏德元子婦李氏一産三男　六年辛酉春大水　七年壬戌秋稔而疫　九年甲子春大雪二月念八日雨豆於州境東南五月淫雨沒圩初九日昧爽地震有聲　十年乙丑秋稔蝗不爲災十一年丙寅歲大稔　十四年己巳四月十九日暴風大作雨雹大如升拔木傷禾麥　十五年

庚午九月杏花開適奎樓新建州人以爲瑞多咏歌之　十六年辛未正月甲子迄二月杪前後大雪深數尺二月有妖鳥集景福寺塔頂哀鳴十餘日乃去六月初七日雷擊尊經閣西柱是月大疫十月初十日山鳴地震西河一帶尤甚米價騰貴每石價銀叁兩餘　十七年壬申正月初連綿大雪四月初十夜妖鳥復集景福寺塔頂哀鳴而去　十九年甲戌歲稔而疫　二十年乙亥正月雨冰木生介自是月至五月連綿雨水沒圩幾盡岡田蟲傷按蟲螟類食苗心而土人以爲地火　二

十一年丙子春大饑米價騰踊每石制錢叁仟伍百文饑死者無算州紳捐米設粥賑之夏大疫　二十二年丁丑大有年　二十五年庚辰歲大稔　二十六年辛巳秋有穫五月十四日明鴻臚序班湯曉石坊圮　二十七年壬午秋熟七月初七夜暴風損禾過半　二十八年癸未歲稔九月初一辰刻日蝕星見十月連日雷電雨雹除夕大霧　二十九年甲申元旦白霧彌空自丑至巳方解五月連綿傾盆大雨江潮漲二十六日地震六月初二日臨

江及三埧相繼破江水横入圩田堤岸盡沉漂蕩廬舍無算有溺死者四鄉郵民挈眷奔岡赴城避水廟宇皆滿蓆棚彌望城中不悉水勢以土塞城門城外刁民乘間搶奪甚衆後悉置於法勢定啓門城中近陡門處水深數尺東至犂頭尖關內南至城外沈祠門首西至大安關北至拱極關口倉埠東津兩門俱至河街　三十年乙酉春大饑死者無算夏初大疫秋有穫陰雨損之　三十一年丙戌夏連雨西南蛟水沒圩十之三　三十二年丁亥自四月至七月淫雨江潮漲圩田堤岸盡沒與甲申同　三

十三年戊子春大疫死者無算城內張家山產紫芝一本　三十四年己丑自正月至六月淫雨江潮漲圩田堤岸盡沒與甲申丁亥並同十二月十八日辰刻地震　三十五年庚寅麥有秋九月蝗不爲災張家山復產紫芝數本　三十七年壬辰五月蛟雨沒圩補插晚禾有收　三十九年甲午歲大稔　四十年乙未麥有秋自夏徂秋大旱山田無穫米價每石制錢貳仟伍百　十月江潮漲淹麥　四十一年丙申郊外黃金塔有虎　四十三年戊戌大旱

荒（米價每石制錢叁仟伍百）四十四年已亥麥大稔秋禾蟲傷　四十六年辛丑歲大稔　四十七年壬寅旱蟲傷禾　四十八年癸卯歲大稔　四十九年甲辰六月十四日天鼓鳴　五十年乙巳奇旱自去冬至是年終歲無雨江潮閉山田籽粒無收圩之濵河湖者收三十之一人民餓死者相枕藉（米價每石足制錢柒仟文）　五十一年丙午春仍旱大饑而疫死者彌望麥有秋秋大水　五十二年丁未水　五十三年戊申秋大水　五十四年已酉大有年十二

月二十七日戌刻大雷雹風雨　五十六年辛亥
秋獲虎於金斗圩　五十八年癸丑大水　五十
九年甲寅歲稔太平鄉生員汪長青田產嘉禾一
莖雙穗三穗不一計半畝皆同穎　六十年乙卯
夏東鄉麥秀兩歧不一其處歲大稔
嘉慶元年丙辰有秋　二年丁巳水有秋　四年
己未歲大熟北鄉三圖楊栁圩農民周友聚妻吳
氏一產三男　五年庚申水有收米價騰貴每石足制
錢叁仟陸柒百文　六年辛酉水有收　七年壬戌圩田

有收岡田旱秋米價騰貴每石足制錢叁仟肆伍百文

# 【雍正】廬江縣志

（清）陳慶門修　（清）孔傳詩、包彬纂

清雍正十年（1732）刻本

祥異

春秋書青災欲其修人事答天心也原志多有闕遺而其軼乃或見於他說摭而錄之俟之君子得以覽焉

周

匡王元年六月辛丑朔日有食之董仲舒劉向以爲楚滅舒蓼之兆

簡王十二年十二月丁巳朔日有食之董仲舒劉向以爲楚滅舒庸之兆

靈王二十三年八月癸巳朔日有食之董仲舒以爲

楚滅舒鳩之兆

漢

元帝永光五年夏及秋大雨水壞民舍

明帝永平六年二月王領山獲寶鼎太守獻之詔納

太廟

十一年巢湖出黃金太守以獻

安帝永初七年大饑調零陵桂陽租以賑

桓帝元嘉元年大疫

晉

武帝太康十年十二月癸卯大雷電雨雹

元帝大興二年蝗

四年縣民何旭家忽聞地中有犬子聲掘之得一母犬青蒼色狀甚羸走入草中不知所在視其處有二犬子一雄一雌哺而養之雌死雄活及長善噬野獸其後旭里中爲蠻所沒

穆帝永和元年三月甘露降桃李樹太守路永以聞

梁

武帝天監七年獲銅鐘

二十二年大水

唐

代宗大曆二年秋大水

敬宗寶曆元年旱

四年大水

文宗太和七年秋大水

開成五年蝗

懿宗咸通二年秋不雨至明年六月蝗饑

僖宗乾符四年春縣北鵲巢於地

宋

太宗建隆三年大水

開寶五年大水

眞宗大中祥符元年四月瑞氣覆巢湖繪圖以獻

英宗治平元年水

高宗紹興五年大旱

孝宗乾道三年大水

光宗紹熙五年大旱饑

理宗淳祐十年旱

度宗咸淳十年大水

元

成宗元正元年大水

武宗至大元年蝗大饑

仁宗延祐五年四月大雨水

七年四月淮水溢損禾麥

文宗天曆二年七月蝗

順帝元統二年饑

明

英宗正統三年大水

景帝景泰二年大雪

憲宗成化四年大旱饑

孝宗弘治元年冶父山古樹忽枯至七年春復生且益茂近五行志所謂青祥者其樹俗名木馬筋

三年八月四鄉訛傳兵起男婦俱襁負奔走擠渡沉溺并相失者不可數計三五日始定

六年九月大雪至次年三月乃止積深丈餘中有五

寸如血山畜枕藉而死

七年天井山龍池水沸湧山破船篷

武宗正德三年五月淫雨水溢市可通船

世宗嘉靖三年大饑人相食縣官煮粥賑之然人久枵腹飽食輙死繼以大疫死者無算

五年大旱六月二十八日午餘無雲龍見於石塘村王姓屋上高僅二三丈蜿蜒倒行半里許雲霧始合俄而風雷交作擊死土長岡農家一婦三牛次日沙湖表漢家瓦屋一座悉拔去

八年地震有聲如雷

十三年旱蝗自北來飛蔽天日食禾稼

十四年蝗大饑

十八年大旱高田禾稿又江潮上湧湖田盡沒

十九年十二月雨樹冰林木盡折

二十三年大旱

二十八年旱饑

三十一年大旱湖水俱涸

三十九年七月大水浸城東西郭外船渡兩月餘九

月始涸

四十年大水圩田淹没民多流亡

神宗萬曆十三年二月初六日地震

十七年大旱饑升米百錢人相食

三十五年十月地震

三十六年江水溢入湖没禾稼

四十四年五年皆有蝗彌天蔽日所過禾稼一空

熹宗天啟元年正月雨黑雪如鐺墨既而大雪半月

積深丈餘

六年大旱蝗

莊烈帝崇正七年秋有孕婦生子雙頭四手四足次

年城陷

十四年旱蝗

十六年冬地震五夜棲鳥俱起

國朝

世祖順治九年大旱禾盡稿

十年正月地震有聲三月二十三日微雨有龍首尾

俱見四月黃泥岡星隕爲石大如斗衆駭而碎之

夏大旱

十一年正月初一日地震初五日復震是年又大旱

聖祖康熙七年夏地震

十年慶雲見夏旱蝗

十八年大旱

二十九年大旱蠲賑

三十二年大旱

四十七年大水

五十年旱蝗

五十三年大旱蠲賑

五十五年旱

五十八年五月大水壞民居舟行城市

今上雍正五年大水

十年大有年

# 【光緒】廬江縣志

(清)錢鑅修　(清)俞燮奎、盧鈺纂

清光緒十一年(1885)刻本

雜類

祥異

春秋書眚災欲其修人事荅天心也人和則玉燭調兵氣銷天人相感之機微而顯已

周

匡王

元年六月辛丑朔日食董仲舒劉向以爲楚滅舒蓼之兆

簡王

十二年十二月丁巳朔日有食之董仲舒劉向以爲楚滅舒庸

之兆

靈王

二十三年八月癸巳朔日有食之董仲舒劉向以爲楚滅舒鳩

之兆

**漢**

永光

五年夏及秋盧江郡大雨水壞民居

十一年巢湖出黃金盧江太守以獻

永初

七年盧江郡大饑調零陵桂陽租以賑

嘉元

元年廬江郡大疫

晉

太康

十年十二月癸卯廬江郡大雷電雨雹

太興

二年廬江郡蝗

四年縣民何旭家忽聞地中有犬子聲掘之得一母犬青黧色狀甚羸走入草中不知所在視其處有二犬子一雄一雌哺而養之雌死雄活及長善噬野物其後旭里爲蠻所沒

八年民有留珪者夜見門內火光掘之得玉鼎圍四寸採省志補入

唐

永泰

八年六月廬州上言廬江縣紫芝之草生一根兩莖長一丈五尺

寶歷

元年廬州旱

四年廬州大水

太和

七年秋廬州大水害稼

開成

五年廬州螟蝗

乾符

四年春縣北鵲巢於地

宋

大中

元年四月瑞氣覆巢湖繪圖以獻

乾道

五年無爲軍大水

十七年無爲軍民大饑

十八年無爲軍大旱

二十六年大雨水淮淊無爲軍漂溺廬舍田稼

淯祐

十年旱

寶祐

年間産芝之一本百莖

元

至元

二十七年正月無爲路大水

至大

元年廬州蝗大饑

延祐

五年四月廬州大雨水

七年四月淮水淹損禾麥

泰定帝

三年免廬州路田租九月廬州路蝗十二月廬州路蝗

天歷

二年七月廬州路蝗

元統

二年廬州路饑

舊志於宋元俱入廬州祥異按宋時廬江屬無爲軍不屬廬州

元時廬江屬無爲軍猶統於廬州路茲於舊志宋時祥異在廬州者悉爲芟去元時則廬州無爲軍兩存之

明

正統

三年大水

景泰

二年大雪

成化

四年大旱饑

宏治

元年浛父山古樹忽枯至七年春復生視昔益茂近五行志所謂青祥者其樹俗名木馬筋

三年八月四鄉訛言兵起男婦襁負奔走濟渡沈溺及相失者不可數記三五日始定

四年大旱饑

六年九月大雪至次年三月乃止積深丈餘中有五寸如血野畜枕藉而死

七年天井山龍池水沸湧出破船篷

正德

三年五月淫雨水溢市可通船

嘉靖

三年大饑人相食官設廠煮粥賑之人久枵腹飽食輒死繼以大疫死者無算

五年大旱六月二十八日亭午無雲龍見於石塘村王姓屋上高僅二三丈蜿蜒倒行半里許俄而雲霧合風雷交作擊死土長岡農家一婦三牛沙湖袁漢家瓦屋一座恐拔去

八年地震有聲如雷

十三年旱蝗

十四年蝗大饑

十八年大旱高田禾槁江潮上湧圩田盡沒

十九年十二月雨樹冰林木盡折

二十三年大旱

二十八年旱饑

三十一年大旱湖水涸

三十九年七月大水浸城入市者以船渡九月始退

四十年大水圩田淹沒民多流亡

萬歷

十三年二月初六日地震

十七年廬州大旱饑升米百錢人相食

三十五年十月地震

三十六年江水溢入湖圩田禾稼盡沒

四十四年蝗食稼過半

四十五年蝗

天啟

元年正月雨黑雪如鐺墨既而大雪半月積深丈餘

六年大旱蝗

崇禎

七年秋有孕婦生子雙頭四手四足次年城遂陷

十四年廬州旱蝗

十六年冬地震五夜如風濤人馬之聲棲鳥俱起

十七年流賊南犯三入廬城搜殺

國朝

順治

九年大旱禾盡槁

十年正月地震有聲三月二十三日微雨有龍首尾俱見四月

黄泥岡旱隕爲石大如斗衆駭而碎之夏大旱

十一年正月朔地震初五日復震是年大旱

康熙

七年夏地震

十年春慶雲見夏旱蝗

十八年大旱免田租十分之四

二十九年大旱蠲賑

三十二年大旱

四十七年大水

五十年旱蝗

五十三年大旱蠲賑

五十五年旱

五十八年五月大水壞民居舟行城市中

雍正

五年大水

十年大有年

乾隆

元年水

三年旱

四年旱

二十年蟲災

二十一年春饑疫秋有年

二十九年水

三十三年有年

三十四年水

四十年旱
四十三年旱
五十年大旱道殣相望
五十一年春疫夏麥稔秋水
五十二年水
五十三年山田大稔
五十八年水
嘉慶
四年雨黑汁
五年大水

七年圩田大稔

十六年秋旱

十八年秋旱

十九年大旱饑疫民多流亡

二十一年秋七月天夜明𠖥然有聲

道光

三年秋淫雨蛟水溢市壞民居圩田沒蠲賑

六年九月甲申晡日暈抱珥有金色十字貫中十月辛酉日中日暈亦如之

八年大水紳富助賑

十一年大水圩田盡沒

十三年大水

十五年秋旱蝗

十六年旱蝗

二十一年大水民饑紳富助賑瘟疫遍行至次年春乃止

二十二年春正月大雪平地丈餘壓壞民居夏四月戌刻天鼓鳴落將星六月日食晝晦大水秋日食既晝晦自未至申民間舉燭

二十三年豐稔

二十五年豐稔

二十八年夏大水江潮浸溢水淹城市民居傾圮經冬不落
二十九年春大水江潮倒灌水没城垣堞上行舟經冬不落
三十年饑殍道殣相望蠲賑
咸豐
二年夏五月地震風雨破民居李生王瓜五穀樹實如兵器
三年春日無光雞乳一身兩頭四足四翼夏南城外孕婦生子
一頭前後二面耳目口鼻全一身前後胸各兩乳一臍四手四
足越日斃秋官兵過境冬粵賊自舒來竄踞城
四年春城南民間貒下五豕内一象越日均斃秋彗出西方壬
寅晦邑紳會議團練復城九月辛卯賊麕至城復陷

五年夏地震自西北走東南

六年夏西方彗長竟天秋官兵攻城克旱蝗

七年春賊由無爲來竄城復陷夏旱蝗疫麥有秋歲稔

十一年秋賊以安省克復遁走境内肅清冬大雪平地數尺雨冰雹嚴寒斗米千錢饑疫野獸食人

同治

元年春饑疫米珠道殣相望豺虎入市噬人秋八月朔五星聯珠日月合璧

六年六月清理文廟基址禮香案前時天上獻五色祥雲

八年夏雨冰雹擊死野獸大風猶起掣去民祠無蹤大水壞民

居圩田沒

十三年夏無風雨迅雷擊死飛鶴三十餘於城北門外

光緒

二年夏妖人剪髮

三年夏飛蝗過境

五年夏龍降於白湖東山麓數日風雨升去

六年秋雨黑豆如菉豆形嚼味微苦

七年四月朔日食至未時天暗既秋日旁星見約在坤方

八年秋雨黑汁每夜子丑時東方見鑱槍至冬隱又礬山東南

天光山有石叢其浮土面石大如桌明亮晶色可鑑照見數十

里外樹木人家又黄泥河北二里許平山有小將軍廟碑石色

黯忽明如鏡照見對面山樹木峯巒相距數里如在目前

九年秋八月晦日將出彗星乘於上九月有紅光見於天朝東

晚西數月方息

十年元旦子正迅雷霹微雨春麥登秋大熟

（清）張楷纂修

# 【康熙】安慶府志

一九六一年石印本

祥異

張楷曰祥異者不必知者也記曰至誠之道可以前知曰可以知則不必知審矣然記又歷言其必有而極推至誠之前知何也蓋以人事爲主則焉用知此然以爲鑒而慎其修省亦盡人事者所不廢也鄭裨竈言於子產宋衛陳鄭將同日火若我用瓘斝玉瓚鄭必不火子產勿與畢火未幾裨竈又曰不用吾言鄭將復火鄭人請用之子產不可亦不復火裨竈即識緯家言子產以理勝之非獨鎮靜而已若陳不救火許不弔災君子知其先亡

矣魯自隱迄哀二百四十年間災異叠見其君臣若罔聞知孔子所以懼春秋所以作也今皖志祥異亦頗仿春秋例其爲鑒之意亦同後之爲政者以不必知爲本而鑒之爲勿忘有事其庶幾乎

祥異

漢

元帝初元五年丁丑夏秋廬江等郡大水

東漢

安帝永初三年已酉春三月廬江饑調零陵桂陽丹陽會稽租米賑

元初四年丁巳六月廬江雨雹

桓帝元嘉元年辛卯夏四月廬江饑疫

後漢

後帝建興三年乙巳六月吳皖口木連理

延熙三年庚申冬吳饑廬江尤甚

炎興十六年戊戌揚州郡國大水傷稼（大水西至荆州北至豫州）

（皖屬揚在荆豫之介）

## 晉

武帝泰始十年甲午吳地三年大疫（皖時屬吳）

泰康四年癸卯冬河南荆揚大水（皖界豫荆揚間）

泰康十年己酉十二月廬江雷電大雨

惠帝永熙六年乙卯夏五月揚州大水

惠帝元康八年戊午九月荆揚豫徐大水（皖處其界）

懷帝永嘉三年乙巳夏大旱（江漢河洛可涉）

元帝大興二年己卯江東大饑四月廬江郡旱蝗

四年辛巳廬江潛縣民何旭家地中掘起生

孝武帝太乙六年辛巳冬十月江東大饑廬江郡尢茬

## 南宋

文帝武嘉七年庚午廬江霍山有鐘聲十二發地中

## 梁

武帝天監元年壬午八月秋大旱十一月大饑是歲江東米斗五千民多餓死

元帝承聖元年壬申夏四月廬江晉熙等五城大饑時民饑死十八九以魯悉達爲北江州刺史招集之

## 唐

中宗嗣聖二年乙酉九月淮南地生毛或白或蒼長尺餘在在有之占曰兵起

玄宗開元十九年辛未六月舒州白鹿見

肅宗上元二年辛丑九月江淮大饑

憲宗元和四年己丑江東大旱饑

文宗太和四年庚戌夏江水溢沒舒州太湖宿松望江縣民田數百戶

七年癸丑舒州大水害稼

宣宗大中十年丙子三月舒州吳塘堰異鳥見堰上有衆鳥成巢濶七尺高一丈百鳥繞之中有大鳥人面緑身紺爪喙聲呼曰甘人謂其虫

十二年戊寅秋七月舒州大水害稼時淮南大水深至五丈沒數萬家

懿宗咸通九年戊子舒州旱蝗

五代周

廣順元年辛亥夏四月南唐舒州大饑

宋

太祖開寶四年辛未六月舒州大水害田舍

太宗太平興國二年戊寅五月舒州麥秀兩岐

端拱二年己丑七月舒州芝草生

淳化三年壬辰正月舒州甘露降四月又降

四年癸巳六月舒州甘露降

七年丙申六月舒州木連理

至道元年乙未七月舒州粟畦兩本岐分十穗

真宗咸平四年辛丑八月舒州嘉禾生

景德三年丙午懷寧縣民家二柳之枝合生二柳相距三尺其枝合於一

天禧三年己未四月舒州甘露降

英宗治平三月戊申淮西旱

神宗熙寧六年癸丑大蝗

元豐元年戊午四月舒州山水暴漲壞官民廬舍

哲宗元祐八年癸酉秋八月舒州大水

紹聖五年甲寅淮西民田再生實既刈而復生

高宗二十八年戊寅舒州白龜見龜小如錢白如玉出潛山溪中郡守曾公貢諸朝

孝宗乾道四年戊子春舒州雨黑米堅如鐵

五年己丑舒州二首龜見民獻二首龜不能伸縮郡守張栻識之言龜孽也

淳熙十五年戊申舒州旱

寧宗慶元五年己未安慶大水害稼

嘉泰三年癸亥舒州潛山中產異草卽金英草煎之飲人骨月立化爲水銀別通體成金

嘉定二年己巳安慶饑

度宗咸淳七年辛未春二月舒州饑疫

## 元

成宗大德七年癸卯秋七月安慶路大饑

武宗至大元年戊申八月諸路旱蝗饑疫

仁宗延祐六年六月潛山大水害稼

泰定帝泰定四年丁卯四月旱蝗大饑

文宗至順元年庚午安慶水七月潛大水没田萬三千五百頃

二年辛未望江水蠲其租

順帝元統元年癸酉三月潛山地震六月旱蝗

至元元年乙亥懷寧縣蝗十二月丙子安慶及潛山大湖宿松地震

二年丙子旱蝗江淮自春至八月不雨大饑宿松地震

至正二年壬午桐城大水花崖龍眠山崩（縣東洞漂民居四百家）

十二年壬辰冬十月潛霍山崩（前三月山如雷鳴鳥獸驚散隕石數里）

十七年丁酉潛山大旱

二十一年辛未范文虎故宅產雙蓮

## 明

太祖洪武二十八年乙亥府譙樓災

景泰二年辛未大雪彌旬不霽積與屋簷齊虎獸入人室

五年甲戌大水乘舟入市逾三月始平

六年乙亥雙蓮寺復產雙蓮

英宗天順六年壬午蝗

憲宗成化二年丙戌旱大饑江淮人相食

十年甲午大水五月至九月人皆乘舟入市海鰌隨水登于江岸蛇虺入室

十二年丙申冬大燠桃李華

十四年戊戌大旱民多流殍

十七年辛丑二月十日地震有聲

孝宗弘治二年庚戌大水蛟龍群起山谷

六年癸丑大雨水民苦濕疾

十年丁巳五月天鳴雷震

十一年戊午大疫

武宗正德二年丁卯瘡淮北饑殍擁衆南來致染楊梅瘡其瘡類楊梅

四年己巳大旱

五年庚午五月大水六月虎入府城自集賢門入

六年辛未水害稼

八年癸酉十月雪殺竹木幾盡

九年甲戌八月二日壬辰晝晦如夜

十二年丁丑四月懷寧桐城宿松望江水免租十之三

十三年戊寅正月芝生太節堂左梁夏五月懷寧桐城太湖宿松望江水免租十之四冬虎入府城

十四年己卯二月李結實如瓜四月水免租十五月多蝗六月宸濠來攻

世宗嘉靖元年壬午鵜鶘集於安慶懷寧桐城宿松望江水害稼

二年癸未大旱疫

十一年壬辰大旱蝗害稼

十八年己亥大水

二十三年甲辰大旱十月壬午雷十二月戊寅雷

二十四年乙巳大旱民饑米價騰湧

二十七年戊申春三月雹

二十九年庚戌三月黃霧四塞

三十二年癸丑宿松水太湖大水太湖民居漂溺宿松陳漢山蛟起千有餘穴衝去田六百餘頃淹死人千有餘口

穆宗隆慶三年己巳夏大水

神宗萬曆十二年甲申二月初六日地震

十四年丙戌大水害稼

十六年戊子大旱疫

十七年己丑大饑疫

十八年庚寅潛山大旱民多饑死

二十年壬辰夏秋不雨螽

二十八年庚子桐城大水漂没廬舍數百家

三十三年乙巳秋天鳴潛山水暴漲漂没廬舍數百家

三十五年丁未冬大湖縣水結冰成龍蛇鱗甲之狀

三十六年戊申夏霪雨連旬大水懷寧桐城宿松望江淹没田禾無算

四十二年甲寅夏宿松大水民饑秋七月有馬訟人東廂民司辛克己馬戶馬出郊五里許躍入民田裏又刺之腹破腸出馬騰躍似與人鬬狀投裡[illegible]

市衆隨之見其過東禪寺欲進謁以爲縣署也望佛像知其非是復行進公廳聞伏墻下如有冤欲訴狀官異之差一役隨馬所之抅田農至詢故以食穀對馬下卸一草置墻前白其未嘗食穀官獲襄人令醫治馬見冤已白出郡門仆而就斃亦一異之

四十四年丙辰冬燠桃李華

四十五年望江大水飢食苗

光宗泰昌元年庚申十二月大雪積四十餘日

熹宗天啟元年辛酉冬十二月十四日午時兩日磨盪

二年壬戌太湖有鵝作人語有婦產子牛首人身

三年癸亥桐城大水漂沒數百家宿松有婦產子似豕狀

四年甲子春二月桐城縣東有塘水忽赤如血秋九月潛霍山崩

五年乙丑夏七月桐城有馬氏婦年七十變爲男

六年丙寅十一月十八日地震

懷宗崇禎元年戊辰正月朔大雷雨三月雲成五色有樓閣之狀見太湖東南七月桐城望江隕霜林木房舍結成刀兵狀江湖魚多凍死

二年己巳桐城何氏婦生鬚

三年庚午有年桐城四野鬼哭李樹結實如瓜

五年壬申秋七月望江有赤烏大如鵝其聲烏烏如

咽
七年甲戌正月地震屋宇傾動秋七月天裂映地皆赤冬十月雨黑黍太湖民沈萬勳種之越歲成樹高二尺葉圓細如洵杞久乃見其花實冬亦不枯桐城北峽關鬼祟大作來如風雨驟至群視到小鬼十百爲群數日乃止
八年乙亥正月朔地震二月流賊犯界雨黑黍如羨蓺子九月十七夜月碎復合十一月望江武昌湖雨火着人衣俱燃數十里外有硝磺氣
九年丙子冬十月雨穀斜外黄内雨多處焚穀尤慘
十年丁丑潛山産白土民取以合粉米食之秋七月桐城三里

岡有白氣從空而下九月二十七日有白鳥數千集於城外山嶺望之如雪山冬十一月雨木水

十一年戊寅饑桐城望江産白土（民取食之後多病死）秋八月地震有聲怪風拔木轉石是歲桐城郎氏婦産二物（一類西域人形一類象）

十二年己卯桐城汪氏婦産一猿雙胞

十三年庚辰正月望江雨土灰五月大水害稼六月鼠數萬啣尾渡江來嚙苗盡之太湖司空山石隕夏大水潛山有野鳧百萬爲群飛蔽天日競集水田食禾苗宿松田鼠害稼望江野多狐

十四年辛巳大旱螽疫人相食死者枕藉太湖有白烟起塔頂三越月始散占曰其城必屠

十五年壬午大饑疫潛山起蟄蛟百千漂没田舍無筭

十六年癸未夏望江多蠅叢聚着人身如鳥衣冬大雷雨潛山虎入城十二月潛山有水數處悉成錢形

國朝

順治三年丙戌大旱望令趙汝璽不以災聞士民數十籲請不獲生員彭繼祥死之

四年丁亥夏大水饑

五年戊子四月桐城東南鄉鷄羽生爪距又蜘蛛小蛇產鷄卵中擊之隨黄白流出其蛇或單或雙如紅綠長寸許蜿蜒地上

八年辛卯夏四月初七日大雷雨懷寧潛山望江山水暴溢起蛟數千漂沒田舍無算

九年壬辰元日大雪夜地震二月十四日地震有聲四月不雨至秋八月大無年

十年癸巳旱冬大雪雨木氷

十一年甲午正月朔地動有聲冬十二月布穀鳥鳴

十二年乙未夏六月大雷雨桐城北山田廬漂沒

十四年丁酉夏四月不雨至六月秋大水

十五年戊戌二月十五日望江雨黑黍桐城秋大水

十六年己亥閏三月十七日天鼓鳴桐城望江同

康熙二年癸卯秋大水

三年甲辰夏六月大雨雷擊望江城南樓角

五年丙午十二月望江湖池凍水有紋如刻畫多爲花草樓閣輿馬之狀盆盎中亦然

七年戊申六月十七日地大震墻屋有傾倒者是年桐城生蝗蝻忽有群鵲來啄之始盡

九年庚戌冬大雨雪

十年辛亥夏秋無雨歲大饑桐城饑更甚賴巡撫靳輔請折漕米府縣捐穀賑給僑縣民得更生詳卹政

十一年壬子四月十六日黎明有大星起於東方形大於月光不及月高僅齊雲其尾如細火自東而南閃爍有光或云天狗星或云彗也

十三年甲寅六月初四日桐城有流星大如斗自東南入西北長數丈有餘星相隨之頃之天鼓鳴

十七年戊午大旱自六月不雨至八月

十八年己未大旱自五月不雨至八月巡撫徐國相題請改折正米豁免耗贈萬民勒石頌之

二十一年壬戌夏大水
二十六年丁卯三月十四日大雷電風雨拔木飛瓦
城中公廨及民舍傾頹無數
四十七年戊子五月大水
四十八年己丑春夏大疫
五十五年丙申夏大水秋大旱米價騰貴
五十七年戊戌冬雷電十二月大雪數尺至五十八
年己亥春連綿四十餘日寒凍異常
五十九年庚子春正月大雪數尺

府志
卷之六

朱之英修　舒景蘅等纂

# 【民國】懷寧縣志

民國七年(1918)鉛印本

# 懷寧縣志卷三十三

## 祥異

康熙志於日月薄蝕五星凌犯之在南斗者皆載入祥異中按明史天文志云兩星經緯同度曰掩光相接曰犯亦曰凌緯星出入黃道內外凡恒星之近黃道者皆其必由之道凌犯皆由於此而行遲則凌犯少行速則多數可預定非如彗孛飛流之無常然則天象之示烱戒者應在彼而不在此至於月道與緯星相似而行甚速其出入黃道也二十七日而周計其掩犯恒星殆無虛日豈皆有休咎可占道光志不取第載本郡水旱及諸變異之事以備覽今仍之

漢元帝永光五年廬江等郡雨壞鄉聚民舍及水流殺人
後漢安帝永初三年廬江饑調零陵桂陽租來賑
元初四年六月廬江雨雹
桓帝元嘉元年二月大疫
三國後帝建興三年六月皖口言木連理
延熙三年冬吳饑廬江尤甚
晉武帝太康十年十二月廬江雷電大雨
元帝大興二年五月廬江等郡蝗蟲食秋麥
穆帝永和元年三月甘露降廬江郡內桃李樹
孝武帝大元六年江東大饑廬江尤甚

梁元帝承聖元年四月晉熙等五郡大饑死者十八九魯悉達招集之

唐元宗開元十九年六月舒州白鹿見

文宗太和四年夏江水溢沒舒州民田數百戶

七年秋舒州大水害稼

宣宗大中十二年八月舒州水害稼

後周太祖廣順元年四月舒州大饑

宋太祖開寶四年六月舒州水漲壞廬舍民田

太宗太平興國二年五月舒州麥秀兩歧

七年三月舒州上元石有白文曰丙子年出趙號二十一帝

端拱二年七月舒州芝草生

淳化二年六月舒州竹連理

三年正月舒州甘露降四月又降

四年六月舒州甘露降

至道元年七月舒州粟畦兩本歧分十穗

眞宗咸平四年八月嘉禾生

眞宗大中祥符五年十月舒州獲瑞石文曰誌公記

景德三年懷寧縣民家二柳之合生

天禧三年四月舒州甘露降

神宗元豐元年舒州山水暴漲侵官私廬舍損田稼溺居民

高宗紹興二十八年舒州白龜見

孝宗乾道三年六月舒州水壞苗稼

四年春舒州雨黑米堅如鐵破之米心通黑

五年舒州民獻龜駢生二首不能伸縮

淳熙七年舒州自四月不雨至於九月大旱

十五年舒州旱

寧宗慶元五年安慶大水害稼

度宗咸淳七年二月安慶饑

元成宗大德七年七月安慶路大饑

順帝至元元年懷寧縣蝗十二月丙子安慶地震

至正十五年夏大雨安慶江漲田禾半没城下水湧有物吼聲如雷

明太祖洪武二十八年郡譙樓災

成祖永樂四年安慶飢

景帝景泰五年大水六月安慶蝗

英宗天順元年安慶雨自五月至七月渰禾苗

六年蝗

憲宗成化二年旱大飢

十年大水五月至九月人皆乘舟入市

十二年冬大燠桃李華

十四年大旱

十七年二月十日地震有聲

孝宗宏治六年大水

十年五月天鳴地震

十一年大疫

十四年安慶大水蛟出漂流房屋

武宗正德四年大旱

五年九月大水六月虎入城

六年水害稼

八年十月大雪殺竹木殆盡

十四年四月懷寧水

十三年五月懷寧水冬虎入城

十四年三月李結實如瓜四月大水

世宗嘉靖元年懷寧水害稼

二年大旱疫

十一年大旱螽害

十八年大水

二十三年大旱十二月雷

二十四年大旱飢

穆宗隆慶三年夏大水

神宗萬歷十二年六月六日地震
十四年大水害稼
十六年大旱疫
十七年大饑疫
二十年夏秋不雨𥁞
二十六年夏大水懷寧淹沒田禾無算
四十四年七月懷寧民家產一犬長五寸高四寸一頭二身八
脚狀如人
崇禎元年正月朔大雷雨
七年正月地震十月雨黑黍

八年正月地震二月雨黑黍如蒺藜子

九年十月雨穀

十一年地震有聲怪風折木轉石

十三年江漲船入板井巷南門內水深三尺

十四年大旱蝗疫人相食死者枕藉

十五年大飢疫

十六年冬至大雷雨

清順治三年大旱

四年夏大水大飢米石錢五千

八年四月大雷雨懷寧山水暴漲蛟出漂田舍無算

九年二月十四日地震有聲四月不雨至秋八月

十年旱冬大雪雨木冰

十一年正月地震有聲

康熙二年秋大水江漲入市至十一月始退

八年十月初旬大雷雨雹

九年正月十八日雷大震仲冬大雪嚴寒匝月不解木介滿山冬鄉村每夜有人影蹤跡扣門擲瓦礫如盜賊狀十一月起至十二月始靖占者謂之旱魃

十年夏秋無雨大旱饑

十七年自六月不雨至八月大旱

十八年自五月不雨至八月大旱

二十一年夏大水

雍正八年秋七月大水

乾隆十四年楊奎百有二歲有坊

十五年李价人妻施氏一產三男

二十三年虎入城

二十四年秋八月蝗

二十五年梁國妻石氏百歲有坊

二十九年夏六月大水入城南門

三十年民訛言有陰兵老弱驚竄有妻子相失者

三十一年夏大水

三十三年夏大水冬地震

三十五年夏大水九月初三日雪平地四五寸

三十八年徐有章百歲楊宗五百有二歲焦文燦妻汪氏百歲俱有坊

三十九年大水

四十二年馮克澄妻丁氏百歲

四十六年大旱劉從選百歲

四十九年陳臺五百有三歲

五十年大饑人相食

五十三年大水地生火以木插溝渠熱氣上騰如蒸

五十六年七月地震

六十年與千叟宴賜給銀牌鳩杖者有文魁翁鶯徐世鈺何贊童秉禮朱禮眉李玉均

木之神異者昔年縣學中有皁莢每當大比之歲以其結實之數占中雋之數無爽大橋頭有五穀樹每歲結實如稻則稻熟如麥則麥豐若有疾疫寇戎則或結爲棺槨兵戈之狀焉

嘉慶元年王大本百有三歲賜從九品銜性急公所居鄉常患水倡築圩堤道光二年蝗率衆撲滅邑令朱士達給以大椿衍慶扁額

三年五月蝗至冬不絶

四年蝗

五月夏大水壞民田舍

九年夏大水

十二年二月十三日黄霧四塞陳德昌賜五代同堂匾額

十三年閏五月十三日蛟水暴漲壞民田舍無算陳致遠百有三歲有坊朱宗光妻陳氏百歲賜八葉衍祥匾額亦有坊

十五年四月雨雹大如鵝卵壞禾麥

十六年十月十四夜有流星自南而西大如斗照耀林木聲殷地若雷

十九年大旱饑

二十年正月朔大雷

二十四年孫中瑞妻聶氏百有二歲賜八葉衍祥匾額其間復有未能詳年代者程永士百有二歲汪文明百有一歲淩恒士百有一歲盧明爵百歲程肇鉅妻方氏百有三歲丁統萬妻陳氏百有二歲雷昊妻侯氏百有二歲沈呂氏百有一歲江棟生妻何氏百歲其上逮高堂下見曾玄有司奏聞賜以七葉衍祥綽楔五代同堂匾額或未及舉報例應邀賜者男則有鄭隆萬操思鴻劉達勳程宦榮（俱賜七葉衍祥）張文揚王詠元程濟山（俱未報）婦則有李家塾妻劉氏王國計妻陳氏程超妻陳氏明代百歲惟

桂仰字止齋一人附載於此本道光志戶口移入

道光元年夏雞翅上生距閤邑殺雞殆盡腹中多有剖得小蛇蠕蠕然

二年郝顯達百有三歲

三年自三月至七月霪雨江水壞民田舍大饑以上道光志陳世鎔李時溥分纂

十一年大水

十二年大水

十七年中秋夜天裂有光西至東歷歷有聲

二十七年大水

二十九年大水渰沒田廬人畜有入市深丈餘者饑民賴平糶兼賑以活

三十年民查懋祝妻一產三男

咸豐三年冬塘水溢奔激上岸如牛吼

六年大旱赤地千里自四月至八月不雨斗米千錢飢民嗷嗷食榆樹皮葉殆盡

八年夏慧星見光芒亘天七月始止

十一年程富元妻一產三男

同治元年丁宗熾賜六世同堂匾額

五年四月某日巳刻晝晦天雨如斷絲

七年七月初八日西南忽見火光墜地卽上升其形如龍

八年大水沿江圩堤多破壞

十年夏訛言妖術剪髮人多駭異

十二年元旦天雨黑水十月十一月十二月每逢初三初十二

十夜間西方起圓暈如盞大漸高數丈有光旋落

十三年七月初午刻太白經天

光緒元年正月十四日雷鳴雨雪雞雛四翅四足六月白虹貫

月雞卵黃內有小卵黃白完全

二年五月地生毛拔之約寸許皆白色

三年地震剪髮暨剪婦女脚後底皮

七年二月大雪大凍河冰堅可行人

八年慧星見五月蛟水起英霍由潛山漫溢太湖宿松望江懷寧五邑冲沒田廬塚墓渰斃人畜無算賴賑以濟

九年治塘西民婦一產兩男背相連數日死秋間天雨黃豆炒食之微苦能已癰疾

十年治塘謝家豕產象

十一年塘水沸而溢忽漲忽落約一時許

十三年正月大雪平地三四尺有誤陷致死者夏旱飢人有食觀音土者

十四年黃文經百有一歲

十五年六月白龍見

十六年治塘吳家婦女產一物狀若守宮長尺許擊乃斃

十七年十月夜嚮晨東方雲中有物蠕動有光色赤如血形大如盤

十八年正月初五日大雷三月初四日狂風暴雨損壞房屋無算

二十年邵定琮百歲

二十四年　月晝晦黑約二時許

二十八年十二月二十四日自昏暮至夜分大霧四塞氣如硫黃

三十年李琴堂賜五代同堂匾額十二月十二日大雪雨十五

十九兩日皆然

三十二年二月夜靜有聲不斷如雷

三十三年魯世才百歲五世同堂

三十四年江水自小孤山至蕪湖澄清月餘

宣統元年蘇起德百有一歲賜六品頂戴並賞銀緞

二年七月熒惑入南斗慧星見除夕大雷電

三年二月魯顯鳳妻王氏一產三男六月有流星自西至東炸

裂有聲

民國元年六月二十六日夜風雨大作積水如淡墨色江南北

皆然稻黃而稃忽黑腐收成大減雜糧亦然

二年冶塘民家產一牛五足

三年雞翅生距八月三十日大雷電雨雹大木斯拔冬大凍茶麥苗多死傷楊彝評妻李氏百歲大總統撰給燕善頤年匾菊潭銘杖照邦瑞蓉府稱觴迓盛庥聯幷如意女禮服等件端木增百有五歲其妻馬氏百有一歲卒謝克儉五代同堂

四年三四月兩次大風雨雹大如卵近望邑地竟有大如碗者茶麥屋瓦毀傷無算石牌民家鼠入牛腹牛旋死七月滌水鄉蝗蝻生蔓延三四里知事朱之英往鄉月餘躬親督捕不爲災

道光後壽登百歲未能詳時代者男則有章應富鄉飲大賓劉見同治志

元音韓積慶朱葆中謝守章俱百歲劉家紳百有三歲甯烝蘭百有二歲婦則有裴思孔妻楊氏百有四歲方繼三妻楊氏百有三歲何恩舍妻李氏百有一歲董先士妻汪氏何恩城妻劉氏俱百歲五世同堂者男則有汪宗甲詹生福余文萃黃賢蓋貢生黃目王道成婦則有張啟聰妻何氏孫香山妻張氏其亦一時厚氣所鍾與 黃振坤 紹燊

# 【乾隆】望江縣志

（清）鄭交泰等修　（清）曹京等纂

清乾隆三十三年（1768）刻本

昭帝始元三年丁酉十一月朔日有食之在斗九度

元帝初元元年癸酉夏四月客星犯南斗第二星大如瓜

五年丁丑夏及秋大水

東漢光武中元元年丙辰十一月甲子晦日有食之在斗二十二度

明帝永平八年乙丑十月壬寅晦日食既在斗十度

和帝永元五年癸巳九月太白在南斗魁中

元興元年乙巳四月辛亥有流星起斗東南之珠作東北

安帝元初四年丁巳九月太白入南斗口中

順帝永和二年丁丑八月熒惑入南斗

四年己卯七月又犯

靈帝熹平元年甲子熒惑入南斗中

後漢後帝建興三年乙巳十一月太白晝見南斗歷八十日恒見

十三年庚午五月熒惑逆行入南斗

十七年甲戌十一月白氣貫南斗長竟天

十九年丙子九月太白犯南斗

延熙十二年庚午五月熒惑逆行入南斗

晉武帝太康八年丁未九月有星孛於南斗長數十丈十餘日沒

惠帝永興元年甲子正月月犯南斗九月太白入南斗

懷帝永嘉三年乙巳填星守南斗（九月又犯）

元帝太興元年戊寅七月太白犯南斗（九月又犯）

二年己卯江東大饑十二月太白入月在斗

成帝咸和六年辛卯正月月入南斗（八年癸巳三月亦如之）

康帝建元二年甲辰九月太白入南斗（之珠二年丙申有讖）

穆帝永和年閒月犯南斗者四太白犯斗者三

哀帝興寧二年癸亥七月月犯南斗

孝武帝寧康元年癸酉三月月掩南斗第五星

太元元年丙子夏四月熒惑犯南斗第三星

七年壬午十一月太白晝見在斗

十一年丙戌三月客星出南斗至六月乃沒

十九年甲午十二月太白歲星合於南斗

安帝隆安五年辛丑天鳴

元興元年壬寅又鳴

義熙元年乙巳又鳴

二年丙午八月熒惑犯南斗第五星

南宋孝武帝孝建元年甲午五月熒惑入南斗

梁武帝天監元年壬午八月熒惑入南斗是歲江東大旱斗米五千

民多饑死

十四年乙未十月太白犯南斗

普通六年乙巳三月歲星入南斗

大同五年丙寅十月彗出南斗指東南長七餘

陳武帝永定三年己卯九月月入南斗

三年壬午月犯南斗

文帝天嘉四年癸未九月太白入南斗

隋煬帝大業三年丁卯九月熒惑逆行入太斗

大而長

九年癸酉五月火星入南斗

十二年丙子九月枉矢出北斗魁委
斗

唐高祖武德元年戊寅九月太白入南
六年癸未十二月朔日有食之在斗
高宗顯慶五年庚申二月熒惑入
中宗景龍元年丁未十月乙巳朔日
元宗開元二十二年甲戌十二月戊
在斗十三度
二十七年己卯七月熒惑犯南斗
肅宗乾元元年戊戌五月月入南斗

代宗大歷二年丁未九月熒惑犯南斗

十年乙卯歲星熒惑合于南斗

德宗貞元十九年癸未三月熒惑入南斗色如血大旱

憲宗元和四年己丑九月癸亥太白犯南斗大旱饑

九年甲午七月太白入南斗至十月乃晝見

十年乙未八月月入南斗魁中

十三年戊戌熒惑入南斗

十四年正月月犯南斗魁中

穆宗長慶二年壬寅三月歲星熒惑合于南斗

文宗太和四年庚戌夏江水溢民田漂没

僖宗乾符六年己亥歲星入南斗魁中

文德元年戊申七月丙午日入南斗

昭宗景福元年壬子十一月有星孛于斗牛

光化三年己未鎮星入南斗

三年庚申十月太白鎮星合於南斗

天復三年癸亥十一月丙戌太白在南斗至明年正月遂高十丈光芒甚大

五代唐明宗天成元年丙戌七月乙未月犯太白乙丑入于南斗魁

晉出帝開運元年甲辰月入斗者三熒惑太白皆入南斗

周世宗顯德三年丙辰正月有大星出南斗東北流丈餘滅

宋太祖建隆三年壬戌十二月月入南斗魁

開寶九年丙子九月月入南斗

太宗雍熙二年己酉十二月丁巳太白鎮星歲星合於南斗魁

端拱二年己丑鎮星熒惑合於南斗

眞宗咸平二年己亥正月月入南斗魁十月太白入

南斗

四年辛丑正月丙寅太白晝見南斗

五年壬寅三月丙午有星晝出至南斗沒赤光丈餘

景德二年乙巳六月月犯南斗

大中祥符六年癸丑四月甲辰月犯南斗

天禧二年戊午正月又犯斗距星

天禧四年庚申二月月掩南斗魁

仁宗朝月犯斗者五太白犯者二

神宗熙寧六年癸丑七月太白犯南斗距星大蝗

元豐元年戊午四月月入南斗

哲宗元符三年庚辰九月太白犯南斗西第二星

徽宗宣和三年辛丑正月戊申熒惑犯南斗

高宗紹興三年癸丑七月月入南斗行魁中

五年乙卯正月太白鎮星合于南斗

十九年己巳七月戊申熒惑入南斗八月月入南斗

元成宗元貞元年乙未六月諸路大水民饑

武宗至大元年戊申九月諸路旱蝗饑疫

文宗至順二年辛未大水

順宗至元二年丙子大旱

至正二十五年乙巳二月日旁有一星一月

二十七年丁未十月丁卯歲星太白熒惑聚南斗

明太祖洪武十九年丙寅夏四月熒惑入南斗

二十三年庚午春正月熒惑入南斗

三十年丁丑冬十月熒惑犯南斗

建文元年己卯三月地震

宣宗宣德六年辛亥秋九月熒惑犯南斗八年八月

又犯

英宗正統十四年己巳七月熒惑入南斗

景泰二年辛未正月大雪彌月不霽積與簷齊鳥獸

入室

五年甲戌正月積雪恒陰夏秋大水乘舟入市逾三月始平
英宗天順六年壬午蝗
憲宗成化二年丙戌太白入南斗旱大饑
三年丁亥春夏日月赤色陰氣昏蒙
七年辛卯十一月彗星見
十年甲午夏秋大水人皆乘舟入市海錯隨水登江岸蛇虺入室
十二年丙申冬大燠桃李華
十四年戊戌大旱
十七年辛丑二月初十日地震有聲

二十一年乙丑正月朔星殞

孝宗宏治二年夏大水蛇龍羣走

六年癸丑春夏大雨大水大雹四序皆災傷稼民多殍疫孳畜俱損

八年乙卯十二月大震電

十年丁巳五月天鳴地震

十一年戊午大疫

武宗正德元年丙寅正月朔日食甚太白經天

四年己巳大旱

五年庚午大水自五月至十月城市行舟多魚鰕

六年辛未[illegible]大水害稼

八年癸酉十月大雪殺

九年甲戌八月初二日壬辰晝晦如夜牲畜奔竄

十二年丁丑夏秋大水十三十四年俱大水

世宗嘉靖元年壬午六月風雨暴至江水泛溢

二年癸未正月地震夏秋大旱疫

三年甲申大饑多火災

九年庚寅大水

十一年壬辰四月不雨有螽

十四年乙未夏五月旱

十六年丁酉春大雪夏淫雨不止四月大水

十八年己亥大水

十九年庚子秋九月熒惑入南斗

二十一年壬寅秋八月熒惑入掩南斗

二十三年甲辰大饑十月壬午雷十二月戊寅雷

二十四年乙亥大旱民饑

三十二年癸丑正月戊寅朔日有食之晝晦如夜

四十年辛酉夏旱

穆宗隆慶三年己巳夏大水

神宗萬歷五年丁丑十月朔彗星見斗牛間長數十

丈

十二年甲申二月初六日地震

十三年乙酉旱

十四年丙戌大水害稼

十五年丁亥六月異風殺禾秋兩月不雨民病疫

十六年戊子大旱疫

十七年己丑大旱河井乾涸田畝顆粒無獲殍死甚衆秋冬疫大作災連數千里

十八年庚寅復大旱春夏間民苦尤甚食草根木皮盡仍饑死

十九年辛卯二月二十一日夜地震

二十年壬辰旱

二十一年癸巳又旱

三十三年乙巳秋天鳴

三十六年戊申夏淫雨連旬大水是年水災數百年所未有者秋大旱

四十四年丙辰冬燠桃李華

四十五年丁巳大水鼠食苗

光宗泰昌元年庚申秋大水九月二十四戊戌赤氣

亘天十二月大雪積四十餘日

熹宗天啓元年辛酉冬十二月十四日午時雨日暈

三年癸亥六月熒惑入南斗逆行守斗口七月復順
行入斗冬十二月太白晝見地震
四年甲子六月水災大雨雹
六年丙寅十一月十八日卯時地震
崇禎元年戊辰正月朔雪雷秋七月隕霜林木房舍
結成刀兵狀江湖魚多凍死
四年辛未秋七月二十缺日地震
五年壬申秋七月赤烏大如鵝其聲烏烏如咽
七年甲戌正月二十八日地震三月朔日月交食四

月望日雨黑黍太湖民沈萬勛種之越歲成樹高二尺葉圓細如枸杞亦未見花實然冬不枯秋七月天裂映地皆赤須臾復合西北長虹亘天

九月缺日地又震迅雷疾雨河水泛溢如春潮冬十月復雨黑黍

八年乙亥正月朔地震二月雨黑黍三月地又震五月復雨黑黍六月淫雨連旬著山下蟄龍飛去以千計諸山皆赭民舍漂没九月十七夜月碎復合十一月朔日武昌湖雨火著人衣俱爇數十里外聞有硝磺氣

九年丙子秋七月朔望日月交食

十年丁丑正月朔日有食之十一月大雨雷電有鄉民汪
宗春槍自跳躍汪
未幾爲賊所殺
十一年五月饑産白土號觀音粉食者後多病死秋
八月地震有聲怪風拔木轉石
十二年己卯六月十四日熒惑犯南斗
十三年庚辰正月雨土灰五月大水害稼六月鼠數
萬銜尾渡江來齧苗盡之
十四年辛巳大旱蝱疫一歲中三災輻輳斗米銀六錢人相食
十五年壬午大饑疫著山再起蛟數千雷雨異常
十六年癸未夏青蠅叢集著人身如烏衣

皇清

順治三年丙戌大旱

四年丁亥夏大水饑斗米銀五錢

七年庚寅十月朔日食夜大雷電十一月彗星見

八年辛卯夏四月初七日大雷雨茗山及橫山俱起蟄蛟千百田舍漂沒

九年壬辰元日大雪夜地震二月丙辰夜地又震夏四月不雨至秋八月民大饑

十一年甲午正月朔地震

十二年乙未七月朔日有食之冬十月雷電雨雹

十四年丁酉五月朔日有食之秋大水

十五年戊戌二月十五夜雨黑黍五月朔日有食之

秋大水城市行舟

十六年己亥閏三月十七日天鼓鳴

十八年辛丑十二月雷鳴

康熙元年壬寅夏六月至七月不雨

二年癸卯正月二十八日雨雹秋大水傷稼經冬方退

三年甲辰六月二十二夜大雨雷擊南城樓角十月

彗星見東南方歷數月方滅十二月朔日有食之

五年丙午六月朔日有食之十月二十五夜北關火

災燒死居民數人十二月湖池凍冰有紋如刻畫多爲花草樓閣輿馬之狀盆盎中亦然

七年戊申正月二十七夜西方有青白氣亘天三夜後方沒六月十七夜戌時地大震

八年己酉四月朔日有食之

九年庚戌五月大雨傷禾積四十餘日冬十一月大雪至十二月雪尤甚城中深數尺四鄉廬舍多被壓壞貧者不能出戶凍餓死者甚衆湖池凍冰約六七尺冰上牛馬通行及化凍冰塊順流而下凡遇舟橋樁衝之類悉皆刻破

十年辛亥六月大旱禾苗枯死饑民采菱芡度日草根木皮一時俱盡

十一年壬子夏四月十六日黎明異星過自東而南閃爍有光

十二年癸丑五月西灣民家產猪有兩首八足兩尾

十三年秋不雨

十四年五月初四日黃霧四塞八月青蟲食禾

十五年官路羣虎晝行民多傷夏大水

十六年五月十三日雨雹禾苗傷損

十七年秋淫雨

十八年正月初三日吉水鎮火灾焚百餘家夏大旱

十九年六月大雨傷禾

二十年七月二十一夜西北白氣亘天至八月十一夜始没八月朔日有食之

二十一年三月十六日狂風驟起飛沙拔木風過處洲麥盡空秋大水至十一月始退

二十二年春水漲

二十三年正月水冰凝是木冰

三十二年夏秋大旱

原志曰雷隸曉於占爲斗異見在天者當斗則記之

伊犢曰遇災而懼未必非福遇災而忽未必非殃今

聖天子在上以得賢爲寶豐年爲瑞和氣充塞固已在在

呈祥矣至夫彈丸黒子何敢以一禽一木之休徵矜

炫耳目怠乃職守故邑志書異而不書祥者非惟祖

述春秋正爲守斯土者警也

洸鎬曰禎祥妖孽禮言之春秋記之洪範援之兩五

行傳乃專一家言漢儒或窮終身力必欲知其故自

宋太祖收緯禁讖太宗又加習者以極刑宋儒遂絶

口不言灾祥矣明禁畧同今

律令有司祥瑞可以不言灾異不可不報然歷覩近歲

邸抄不見災異之報以
今上之聖明豈用此爲諱哉亦承流者憚駁覆欲省事耳
然一邑一鄉亦有私祥私異雖不關天下大體從前
例記之猶有漏遺及閱志謹以實見畧補之併續
順治十八年四月地坼深者數丈達泉闊或二尺長或半里東北鄉多鄰邑尤甚
康熙三年四月蘆薪橋人家豕生子兩頭
十五年虎大食人十月縣令劉天維捕得生虎斷其頭出示虎速避疆不且盡殺虎去
十八年春夏旱饑茗山下有妖拋石擊人按此乃妖人所爲後去太湖螺溪爲神語惑衆知縣章時化捕巫妖走去殷山捕得審係紫草客原四人其一在懷被殺

二十年春夏間民訛言有妖人取人膽

二十六年七月大風破樹轉石是年數雨黑豆形小陷種之生

四十年相公嶺雷擊死渡船人

四十四年五月相公嶺渡船處雷擊死姓郭人竃災渡屋

四十年後連年無澇民訛言水流西海

四十四年十二月晦夜茗山再鳴如雷

四十七年大水西圩破

五十年大水

五十一年大水

五十二年大水

五十三年大水陞又大旱

五十五年丙申夏大水秋大旱米價騰貴本府志

五十七年戊戌冬雷電十二月大雪數尺至五十八年己亥春連綿四十五日寒凍異常本府志

五十九年庚子春正月大雪數尺本府志

雍正二年甲辰春徧處傳有拐子剛人心鳴金守夜天明方息

四年丙午夏秋大水田廬淹没西圩破

五年丁未六月初二未時日食秋大水

乾隆三年戊午大旱

四年己未大旱蜚蟲傷苗歲大饑牛災

七年壬戌秋大水

八年癸亥正月大雪積四十餘日深者丈餘饑民掠食城中郡司馬張公安國撫定之

九年甲子十一月十八日彗星見於西南一月方没

十年乙丑十一月十八日訛傳避兵闔邑動揺亥日乃定是日有烏數千止城北門十二月雪深數尺凍死樹木無數

十一年丙寅春大雪二月至三月冰厚六七寸屋上隱隱有男女足跡秋大風攝水中小船上山揭屋拔木冬桃李華

十三年戊辰太白晝見

十四年田鼠食禾

十五年庚午四月十四日地震二十三日大雨雹有大如鴨卵者

十六年辛未二月二十八日大風拔木覆船無數又五月三十日大風拔木傷禾

二十年乙亥秋大水七月大大寒可服裘十二月初十

日大雪十一日木盡冰五日始解　自乾隆四年起
至二十年止各處牛災十僅存一二有屢買屢死不
能佃田者有以人耕者
二十一年春饑斗米三錢五分五月初七日夜大風
拔木無數夏秋大疫
二十四年己卯閏六月十九日潛太蛟水暴至西圩
破妙光張山龍城武洲四寺咸受災日入時頃刻尺餘初更高一丈
大雨如注忽迅雷一聲雨止水
定次晨見漂下牲畜榷木無數
二十六年辛巳二月初九大風拔樹十二月十四甚
凍冰堅數尺湖魚凍死越二十日始解

二十八年癸未八月初一日日食既大星皆見

二十九年甲申春夏連雨江湖汎溢水進城東西門尤深驗萬歷三十六年所鐫東門記水處尚過六寸西圩北畈及濱江漂没田廬棉朮無算六月初六日、安撫　訖公諱　庸虔禱於江水勢定次日水漸退

三十年乙酉地生牟豕毛

三十一年丙戌夏大水七月十一日方退

三十二年江水泛溢較二十九年小一尺西圩破六月初旬後暴風不時被水房屋多頽壞又七月初五日始退不能補種晚禾民大饑食野菜樹皮

災異止

# 【民國】宿松縣志

俞慶瀾、劉昂修　張燦奎等纂

民國十年（1921）活字本

# 宿松縣志卷五十三

## 雜誌

新陳代謝事物紛繁一縣雖小無異一國如戶口田賦教育實業諸大端亦既離類析歸各從其朔若夫災祲見告民食攸關前人軼行典型可則他如一伎之精一術之卓雖曰小道亦有可傳至先朝誥命爲存古者所珍新法債劵善理財者不廢若任其散佚後之人雖欲聞其說其何從而求之范成大撰桂海虞衡志凡不可部居者舉以雜志統之爰踵斯例並著於篇

### 祥異

中國古時言天文占驗者多涉附會讖者譏之西人天算之術最精凡日月薄蝕星辰失度之事皆以爲常而

不以爲異禱雨祈晴則指爲迷信而非笑之誠哉其不可易也惟水旱偏災國家代有先事豫防臨事救濟皆有縝密之條理與豐厚之富力以維持於不敝反之中國無所謂豫防也放任而已無所謂救濟也張皇而已宿松襟江帶湖隄防不修道咸以來歲有水災加以溝澮不治蓄洩不時間亦苦旱天災由於人事豈不然哉崇拜英雄爲西人之特性而享高年多子孫者則羣稱爲異人而表張之與中國之習慣略同惟西人百歲者有之五世同堂則無之其原因有二一中國取家族主義西人取個人主義一中國結婚最早西人較遲此其所以不同也宿松百歲及五世同堂者獨多亦休養生息之效也故並紀之以明天人相與之際悉具盈虛消

長之機治政聞者幸留意焉

漢元帝永光五年壬午廬江等郡雨壞鄉聚民舍漢書五行志　郡志

東漢安帝永初三年三月廬江飢安帝本紀　郡志

安帝永初七年癸丑秋廬江饑安帝本紀　郡志

元初四年丁巳六月廬江雨雹府志　郡志

桓帝元嘉元年辛卯春二月廬江大疫漢書五行志　郡志

後漢延熙三年庚申吳饑吳志　郡志

三國吳鳳凰三年甲午大疫吳志　郡志

晉武帝太康十年己酉十二月廬江雷電大雨晉書五行志　郡志

元帝太興二年己卯揚州諸郡蝗元帝本紀　郡志

孝武帝寧康二年甲戌三吳諸郡水旱併臻孝武帝本紀　郡志

太元六年辛巳冬十月江東大饑廬江郡尤甚府志　郡志

太元十八年荆揚二州大水傷秋稼 晉書 郎志

梁武帝天監元年壬午江東大旱斗米錢五千民多飢死 通鑑綱目 郎志

元帝承聖元年壬申夏四月廬江晉熙等郡大饑 府志 郎志

唐肅宗上元二年辛丑秋九月江淮大饑 通鑑綱目 郎志

憲宗元和四年己丑淮南旱

文宗太和四年庚戌夏江水溢没舒州太湖宿松望江縣民田數百戶

七年癸丑舒州大水害稼

宣宗大中十二年戊寅秋八月舒州大水害稼 以上唐書五行志 郎志

懿宗咸通九年戊子江淮旱蝗 通鑑綱目 郎志

五代後周太祖廣順元年辛亥夏四月南唐淮南饑 通鑑綱目 郎志

宋太祖開寶四年辛未六月舒州大水壞田舍宋史五行志 鄖志

太宗雍熙二年四月江南諸州饑宋史 鄖志

神宗熙寧六年癸丑大蝗害稼府志 鄖志

元豐元年戊午舒州山水暴漲浸官私廬舍宋史五行志 鄖志

哲宗元祐八年癸酉秋八月舒州大水府志 鄖志

孝宗乾道三年丁亥夏六月舒州水害苗稼漂人畜

四年戊子春舒州雨黑米堅如鐵

淳熙七年庚子舒州自四月至九月大旱

十五年戊申舒州旱以上宋史五行志 鄖志

寧宗慶元五年己未安慶大水害稼府志 鄖志

嘉定二年己巳安慶饑府志 鄖志

度宗咸淳七年辛未春三月安慶饑度宗本紀 鄖志

元成宗大德七年癸卯秋七月安慶路大饑 府志 郞志

武宗至大元年戊申秋八月諸路水旱蝗江淮民采草根樹皮爲食 通鑑綱目 郞志

泰定帝泰定四年丁卯夏四月旱蝗大飢 府志 郞志

文宗至順元年庚午春安慶路饑秋安慶屬縣皆水 文宗本紀

順帝至元元年乙亥冬十二月丙子安慶路地震所屬宿松太湖潛山同時俱震 元史五行史 郞志

二年丙子春正月乙丑宿松地震山裂自春至八月不雨旱蝗大饑 順帝本紀 郞志

明太祖洪武三年庚戌夏六月旱 太祖本紀 郞志

代宗景泰二年辛未春正月大雪彌月積與簷齊鳥獸皆大室秋大饑 府志 郞志

五年甲戌春正月大雪夏秋大水害稼乘舟入市逾三月始平明史五行志　朱志　鄔志

英宗天順四年庚辰安慶雨自五月至七月渰禾苗明史五行志　朱志　鄔志

六年壬午秋蝗害稼朱志　鄔志

憲宗成化二年丙戌旱大饑江淮人相食府志　鄔志

十年甲午大水五月至九月市皆舟行漂物隨水登江岸蛇虺入室府志　鄔志

十二年丙申冬大燠桃李華府志　鄔志

十三年丁酉春二月大雪次日雷電交作大雨江水暴漲明史五行志

十四年戊午大旱民彙流殍

十七年辛丑春二月十日地震有聲

孝宗弘治六年癸丑大雨水傷稼民多殍

十年丁巳夏五月天鳴地震

十一年戊午大疫 以上府志 朱志 鄒志

十四年辛酉秋八月安慶大水蛟出漂流房屋 明史五行志 鄒志

武宗正德四年己巳大旱 府志 朱志 鄒志

五年庚午秋九月安慶大水 明史五行志 鄒志

六年辛未大水害稼

八年癸酉冬十月大雪殺竹木幾盡

九年甲戌秋八月二晝日晦如夜星斗皆見牛羊雞犬鳴號奔竄

十二年丁丑夏四月大水

十三年戊寅夏五月大水

十四年己卯春三月李結實如瓜四月大水

世宗嘉靖元年壬午鵲巢於室春大旱六月水大饑以上府志

朱志　鄒志

二年癸未春地震秋大旱疫明史五行志　朱志　鄒志

三年甲申南畿諸郡大饑明史五行志　鄒志

十一年壬辰大旱蝗害稼府志　朱志　鄒志

十六年丁酉大雪夏雨連月水害稼朱志　鄒志

十八年己亥大水

二十三年甲辰大旱自夏至秋五月不雨饑民食草木冬十月

壬午大雷雨十二月戊寅雷

二十四年乙巳大旱自五月至九月下旬始雨民飢死者相藉

二十七年戊申春三月雹

二十九年庚戌三月黃霧四塞

三十二年癸丑陳漢山蛟起千餘穴衝決民田六百餘頃溺殁千餘人

穆宗隆慶三年己巳夏大水害稼

神宗萬曆十二年甲申二月六日地震以上府志　朱志

十三年乙酉大旱朱志　鄒志

十四年丙戌宿松大水害稼通志

十六年戊子三月八日地震夏大旱三月不雨民饑

十七年己丑春夏不雨湖陂乾裂禾無粒收民多殍死秋冬疫痢比戶不閉

十八年庚寅秋八月大風墮禾實掃之盈升斗掃者輒病以上朱志

鄖志

二十年壬辰夏秋不雨饑 府志 朱志 鄖志

三十六年戊申夏霪雨連旬大水淹沒田舍無算市皆行舟秋大旱民饑 通志 府志 鄖志

四十一年癸丑大水 朱志 鄖志

四十二年甲寅夏大水民饑 鄖志

是歲秋七月東廂民司辛充邑馬戶馬出郊五里許闖入民田農人刺之破腹馬騰躍似與人鬪狀旋越市過東禪寺欲進見佛像知非縣署復行至公廳俯伏階下如有冤欲訴官異之差一役隨馬所之拘田農詰問以食穀對馬下銜一草置階前白其未嘗食穀也官扑農人令醫治馬見冤白出郭門仆斃 鄖志

四十四年丙辰春正月大雪二十餘日冬燠桃李華

光宗泰昌元年庚申冬十二月大雪積四十餘日始霽民多拆

屋而爨

熹宗天啟三年癸亥有婦產子如豕狀鱗甲如麟朱志 以上府志 郎志

莊烈帝崇禎元年戊辰正月朔大雪聞雷冬有婦產怪面青額

有雙角朱志 郎志

二年己巳秋大旱朱志 郎志

七年甲戌二月二十六日地震屋宇傾動有聲冬雨黑黍府志 朱志

郎志

八年乙亥春正月朔地震復雨黑黍自此連歲皆然每雨後流

寇即至雨多處則焚殺必甚時謂寇之先兆二十日小塔演

龍湫井陷

十年丁丑春夏大饑時郊外產白土爭取以食號觀音粉食者
病閉旋多疫死
十二年己卯大風害稼 以上朱志 邵志
十三年庚辰春風霾二旬夏大水田鼠害稼
十四年辛巳大旱蟲疫饑者刳殍以食
十五年壬午大饑疫
十六年癸未冬至大雷雨
清順治三年丙戌大旱
五年戊子夏六月西源及近城諸山蛟起衝沒田廬傾西南城
數十丈
九年壬辰春二月十四年夜地震四月至八月不雨湖陂乾裂
深二尺許顆粒無收

十年癸巳旱冬大雪雨木冰 以上府志　朱志　鄢志

十一年甲午夏旱禾不實

十二年乙未秋旱晚稻損

康熙六年丁未夏五月十五日深山龍起衝壓田舍淹溺居民無算 以上朱志　鄢志

七年戊申夏六月十七日江南同時地震 通志　鄢志

九年庚戌冬大雨雪積四十日

十年辛亥大旱饑秋冬無水飲有汲數十里者

十一年壬子夏四月十六日夜有異星移于西南狀如蛟長丈餘尾帶數十星過處有白痕逾刻乃沒

十八年己未春二月大雨雪久不止夏六月至九月不雨秋七月暴風東來凡三日山泉皆涸歲大饑

十九年庚申夏六月山水漂沒田廬青蟲害稼七月杪鸜鵒食蟲禾復蘇

二十年辛酉正月雷電雨雹五月疫

二十一年壬戌正月十二日雷電大雨尋大雪夏五月霪雨禾穟生芽七月大水入城湖田洲地盡沒以上朱志 鄒志

二十六年丁卯三月十四日安慶大雷電風雨拔木飛瓦民舍傾頹無數通志

三十年辛未王用行年百有三歲

四十七年戊子夏五月大水

五十五年丙申夏大水

五十七年戊戌冬雷電十二月大雪越四旬乃止以上府志 鄒志

雍正七年己酉秋七月水

十五年庚午貢選百歲知縣李夢庚作菊潭老人傳贈之

乾隆九年甲子庠生陳東仁年百歲

十年乙丑居民夜驚寇至時城門已闔男婦爭縋城下郭外民亦駭走天明悄然竟不知訛言何自而起

二十二年丁丑監生吳賀崙五世同堂

二十四年己卯夏大雨七晝夜水壞城舟行市中漂沒田廬無算 鄔志

二十九年甲申秋大水害稼

三十一年丙戌秋大水

三十三年戊子夏大水冬地震 以上鄔志

三十五年庚寅夏大水九月初三日雪深三四尺 以上鄔志

三十八年癸巳陳錫蕃五世同堂

四十年乙未旱蝗夏有潛剪雞翎割小兒辮髮事卒亦無恙

四十二年丁酉陳思聖妻項氏年百有二歲五世同堂知縣席紹凱獎以寶婺長輝匾額

四十五年庚子水傷稼

四十九年甲辰修職佐郎吳日潤妻祝氏五世同堂

五十年乙巳元旦大雪夏秋大旱飢斗米錢五百有奇冬飢殍相藉民多遷徙以上郡志

是年縣北郭見有物如蛟蜃體赤自東度女牆而西郡志

五十三年戊申秋大水至冬始退

五十四年己酉監生石補爵妻趙氏五世同堂

五十六年辛亥監生蕭正邦暨妻余氏五世同堂

巢美玉妻徐氏年百有一歲五世同堂

陶紋質暨妻吳氏五世同堂知縣顧鳴鸞獎以椿萱並茂扁額

嘉慶十八年癸酉吳氏百有二歲知縣鄒杰額其閭曰河東遺媼

五十九年甲寅水傷稼

嘉慶元年丙辰陳斯美五世同堂府志

三年戊午夏六月洲地蝗

四年己未秋大風害稼以上郡志

五年庚申鍾宏慶百有一歲

七年壬戌秋七月旱至冬不雨傳言有匪入境爰無故失火人皆夜巡不寐次年正月後始定

八年癸亥郭心紋妻詹氏五世同堂知縣顧獎給匾額

九年甲子秋水傷稼

重建孔廟大成殿落成神主皆復位殿西南隅巨楹受楣處忽
生五色芝之一本數榦高尺許層厚寸許觀者闐門扉不能闔
遂翦去
副貢陳金蘭妻余氏五世同堂
十年乙丑殷參兩暨妻周氏五世同堂知縣顧鳴鑾獎以精榮
萱茂匾額二十年乙亥妻年九十歲知縣陳國相獎以荻教
松年匾額妻年至百有一歲
孚玉山聰明泉作翰墨香彌月
十三年戊辰夏旱禾麥未布閏五月十三日大雨水暴漲漂沒
田廬
十八年癸酉張先城五世同堂
十九年甲戌旱

治北關帝廟後殿抵城根祀帝先代殿甫葺一夕大風雨牆仆擊龜座都碎神主以次列東序下如人位置者

陳金妻張氏五世同堂

監生詹岳藏妻紀氏五世同堂

旌表節孝石旭繼妻柴氏五世同堂

二十年乙亥正月朔大雪二月十九日大風撤房屋壞石坊無算

二十一年丙子王士觀妻王氏年百有四歲五世同堂

監生張維貞妻葉氏五世同堂

二十四年己卯監生石減五世同堂

例旌節孝石慎德妻司氏五世同堂

道光元年辛巳傳言雞翅生距腹有物如蛞蜊啄人影即疾民

鬧雞殺始盡卷或不信亦無害

郭琥璡妻楊氏年百有一歲五世同堂

三年癸未自三月至六月淫雨大水漂麥淹沒田廬無算經冬始退歲大飢

楊士琦五世同堂

四年甲申陳訓昌妻姜氏五世同堂

五年乙酉朱立光妻王氏百有四歲五世同堂知縣鄔正階奬以寶發騰輝匾額

六年丙戌夏五月湖水熱如沸魚多暍死秋蝗不爲災

七年丁亥夏五月洲地蝗蝻延蔓會大雨漂蕩入江

八年戊子夏大雨數晝夜五月三日水暴漲西南城內外水深丈餘民率撤屋乘木盆及門扉以出其不得出者多死沿河

田廬亦多漂沒以上均鄒志

十年庚寅董立楷五世同堂

十一年辛卯大水傷稼

十二年壬辰大水秋大旱歲飢

十五年乙未大旱

十六年丙申大旱蝗害稼

十九年己亥大水

二十一年辛丑大水冬大雪

二十二年壬寅監生李千尋暨妻陳氏五世同堂

庠生石萬年妻徐氏百歲五世同堂

監生黎趐五世同堂

二十三年癸卯大水

二十八年戊申大水

吳紹彭妻張氏百有一歲

二十九年己酉大水淹沒田舍無算乘舟入市歲大飢是年水禍之奇爲有清百數十年所僅見

三十年庚戌大水

咸豐二年壬子小姑莊有農於野獲生肉數斤歸而烹之臭不可耐經火一晝夜出之如生亦不臭觀者駭異置道旁禽獸不食

三年癸丑大水

四年甲寅冬塘水沸騰

五年乙卯冬十月太白晝見十一月二十三日無雨虹霓四出

除日午前空中現神像梁生年譜

六年丙辰大旱田種黍芋有收飢民賴以存活

八年戊午彗星見

候選千總庠生段鰲五世同堂

九年己未秋大水十月地震

黄思克五世同堂知縣黄奬給匾額

十年庚申冬大雪深數尺

尹肇緒妻洪氏五世同堂

黄輝斗五世同堂

十一年辛酉大水冬大雪冰厚尺許能通行人

州同銜原任象山縣石浦巡檢祝孝恭妻石氏百有二歲

同治元年壬戌施文思妻尹氏百有一歲五世同堂奉旨建坊

并奬給貞壽之門扁額

二年癸亥傳言雞翦翎翅生距民間雞殺殆盡不信亦無害

五年丙寅春大雪冰厚尺許行人往來冰上

尹士義五世同堂

六年丁卯春地震

吳芳發妻劉氏百歲

七年戊辰秋大水

八年己巳大水 以上同治志稿

九年庚午大水

吳世瀹妻賀氏百有二歲五世同堂奉旨賜建坊並賜熙朝人瑞匾額

沈黎然妻徐氏百歲

十一年壬申大水

十三年甲戌徐益三百歲

光緒元年乙亥大水

四年戊寅大水

六年庚辰朱碩松百歲

七年辛巳附貢徐正律妻陳氏百歲

八年壬午大水城壞

九年癸未大水

十一年乙酉大水

十二年丙戌石壎俿妻劉氏五世同堂教諭姚道生訓導陳守和獎給匾額

十三年丁亥大水秋旱

李鴻烈妻吳氏百歲

十五年己丑秋大水

十六年庚寅監生周祜五世同堂

吳觀樂妻梅氏百歲

十八年壬辰涇江莊民陶國順家產一豚五首安可居隨筆

二十二年丙申葉泰傭妻熊氏百歲

二十六年庚子余基聖妻劉氏五世同堂

二十七年辛丑大水與道光二十八年同治八年水勢相同較

道光二十九年僅小三尺餘

三十二年丙午鄧澤高百歲奉旨旌表并獎給昇平人瑞匾額

三十三年丁未三月二十四日下午大風涇江莊民吳某有舟

被吹入雲仍墮於近村柴碓上微損安可居隨筆

三十四年戊申許廷風百有一歲

宣統元年己酉大水

二年庚戌蛟洪害稼

三年辛亥大水

中華民國元年壬子大水

監生徐大中繼妻齊氏五世同堂

四年乙卯許恩溥五世同堂

汪長松暨妻　氏百歲

六年丁巳舊歷正月初二日辰刻地震二月初一日辰刻復震

亦稍微

是年閏二月附優貢徐植春家菖蒲有花形如楊花而小以上二條見安可居隨筆

是年八月十三日午前九城畈袁家坂力士廟酬神演劇忽龍

颺空中狂風驟起屋宇船舶人物被捲入空中者墮地盡成齏粉

候選布政司經歷羅忠恕妻陳氏五世同堂

宗游泮妻尹氏百歲

七年戊午舊歷正月初三日未刻地又震狀如六年安刂居隨筆

是年九月二十三日申正有星孛於南走向北

八年己未蛟洪城內水深丈餘圩堤潰決

九年庚申夏旱秋大水馬華堤決口大風害稼歲飢

廪貢生黃雲慶暨妻李氏五世同堂大總統徐世昌題褒鄉里矜式匾額

十年春二麥無收歲大飢斗米值千錢以上夏大旱秋大水以上採訪册

余百魁暨妻汪氏百歲奉旨建坊并賜期頤偕老及七葉衍祥

匾額

余王氏百有一歲

庠生吳俊重游泮水

節婦潘祝氏百歲

梅映青暨妻朱氏百歲

馮炎椿妻王氏五世同堂

監生汪曰熾妻石氏五世同堂

方灼三五世同堂

石文藻五世同堂

賀江村妻余氏五世同堂

誥封恭人吳美江妻劉氏五世同堂

汪祥興妻張氏百歲五世同堂
周沛川妻王氏五世同堂
職監陳斯美妻朱氏五世同堂
陳秀蘭妻何氏百歲
徐發鑿妻甘氏百歲
汪雲增妻沈氏百歲
胡燚妻余氏百有二歲
監生胡道岸妻周氏百有四歲以上採訪册未載年分因彙記之

（清）王庭等修　（清）畢琪光等纂

# 【康熙】太湖縣志

清康熙二十七年（1688）刻本

# 安慶府太湖縣志卷之十六

## 災祥

春秋災異必書而不言事應漢董仲舒劉向則斷斷言之夫覩象繹而辨機祥因機祥而勤修省惟恃我有可爲之理而已不然天災流行國家代有人固無如天何也而賢君德恤民隱用以弭災而致祥則虎北渡河反風滅火蝗不入境之類又往往有之豈非所謂物之祥不如人之祥而景星甘露次之物之異不如人之異而彗孛飛流黿孽牛禍次之者乎故司牧者檢身寡過其大端也　王志

周

惠王九年癸丑冬十二月癸亥朔日有食之（京房占曰諸侯上僭以自益應舒爲楚滅）

靈王二十二年辛亥春二月（即夏正建丑月也）癸酉朔日有食之（占曰丑爲星紀犯斗牛之舍災應在吳次年楚有荒浦之師以滅舒鳩）

漢

元帝初元五年丁丑夏及秋大水

安帝永初三年己酉春三月廬江饑調零陵桂陽租來賑

桓帝元嘉元年辛卯夏四月廬江疫

後漢

建興三年乙巳冬十一月丙寅太白晝見南斗遂經

至八十餘日恒見占曰吴有兵明年魏代吴

炎興十六年戊戌揚州郡國大水傷稼大水西至荊州北至豫州

皖屬揚在荊豫之介

晉

武帝太康十年己酉冬十二月廬江雹雷大雨

惠帝永熙六年己卯夏五月揚州大水

元帝太興二年己卯夏五月廬江與安豐蝗食秋稼

梁

武帝天監元年壬午八月熒惑入南斗大旱十一月

大饑江東斗米五千民多饑死

元帝承聖元年壬申夏四月廬江晉熙等五城大饑

以魯悉達爲北江州刺史招集之

陳

文帝天嘉四年癸未九月太白入南斗

隋

煬帝大業三年丁卯九月熒惑逆行入南斗

唐

中宗嗣聖二十二年乙酉九月淮南地生毛或白或蒼

[illegible]之長尺餘兵起

[illegible]太和七年癸丑大水害稼

宋

太祖開寶四年辛未六月舒州水[illegible]民田舍

太宗太平興國二年戊寅夏五月舒州麥秀兩岐

端拱二年己丑七月舒州芝草生

淳化三年壬辰春正月舒州甘露降夏四月又降

四年癸巳夏六月舒州甘露降

真宗咸平四年辛丑正月丙寅太白晝見南斗秋八

月舒州嘉禾生

天熹三年乙未夏四月舒州甘露降

英宗治平三年戊申淮西旱

神宗元豐元年戊午四月庚申月入南斗舒州山水

暴發侵官民廬舍

高宗紹興元年辛亥四月癸酉月犯權星權吳之星也亦曰伐星主有逆賊火災後二年劉德亂

孝宗乾道四年戊子春舒州雨黑米堅如鐵破之米心通黑

淳熙十五年戊申舒州旱

元

順帝至元元年乙亥冬十二月丙子地震

明

太祖洪武十九年丙寅夏四月熒惑入南斗

宣宗宣德六年辛亥秋九月熒惑犯南斗

代宗景泰二年辛未大雪彌旬不霽積與簷齊鳥獸人[illegible]僵

五年甲戌大水乘舟入市逾三月始平

英宗天順六年壬午蝗

憲宗成化十二年丙申冬大燠桃李華

十四年戊戌大旱民多流殍

十七年辛丑二月十日地震有聲

十八年壬寅蝗

孝宗弘治二年庚戌大水蛟龍羣起山谷

六年癸丑大雨水民苦漂蕩

十年丁巳城隍廟震

十一年戊午疫死亡甚衆

武宗正德二年丁卯縣廳災

三年戊辰嘉禾生一本數穗

四年己巳大旱

六年辛未大水害稼

七年壬申災

八年癸酉冬十月雪殺竹林幾盡

十三年戊寅夏五月水免租十之四

世宗嘉靖二年癸未大旱疫民多逋逃

三年甲申災沿河居民罹禍甚酷

七年戊子有年

十一年壬辰夏六月蝗害稼

十八年己亥大水

二十三年甲辰大旱　冬十月壬午大雷雨　十二月戊寅雷暖氣如春

二十四年乙巳大旱

二十七年戊申春二月雹

三十二年癸丑大水民居多漂沒

神宗萬曆十六年戊子大旱民饑多疫

三十五年丁未冬水結冰成龍蛇鱗甲之狀

三十六年戊申大水民多漂沒　四十四年丙辰蝗害稼

四十六年戊午蚩尤旗見

四十七年己未天雨毛

光宗泰昌元年庚申十二月大雪積四十日始霽民皆斫屋而爨

熹宗天啟二年壬戌有雞作人語　有婦產子牛首人身

五年乙丑大旱

崇禎元年戊辰春三月祥雲見於東南成五色有宮闕樓閣之狀

七年甲戌春正月地震屋宇動搖有聲　夏四月逢當晝濤雲翳日天雨黑子盈市狀如黍色（邑人沈萬勛種之越歲成樹高二尺葉圓細如枸杞欠赤亦未見其花冬亦不枯）

八年乙亥正月朔地震二月流寇入境焚殺甚慘（四八大水漂沒甚衆）

十一年戊寅秋八月大風發屋折木轉石揚沙

十二年司空山石隕夏大水

十三年庚辰大旱

十四年辛巳秋七月火藥局災　八月飛蝗蔽天民大饑疫（斗米千錢死者日以數百計人相殘食日晡不敢獨行）九月眞乘寺塔白煙起高二三丈經時始散凡三閱月（占曰城中白氣起者城必屠）

十六年癸未夏五月日中見星　冬十月長星見東北

國朝

順治三年丙戌旱（免租三之一）

四年丁亥饑（斗米銀八錢）

五年戊子有年

九年壬辰元日大雪夜地震 春二月丙辰夜地又震 夏四月不雨至秋八月民大饑

十一年甲午春二月大風折屋折樹城內石牌坊毀

十四年丁酉夏四月不雨至六月

康熙二年癸卯秋大水晚禾多沒 三年甲辰十月彗星見

五年丙午六月朔日有食之

七年戊申夏四月大水沿河居民多遭溺 六月地震有聲自西南來

八年己酉夏四月朔日有食之

十年辛亥夏五月不雨至秋八月免租三之一暨折漕糧

十一年壬子夏五月初六日黎明有雲氣如蛟龍狀

自東而南閃爍有光　亦有年

十八年己未夏六月不雨至秋九月照被災分數免錢米暨折漕糧

按災祥事實有從邑志者有從郡志者有從天文

分野之域而志者或曰以天文考之滁隸皖隸

揚州爲度甚廣不知度雖廣而皖亦占其一滁距

皖僅二百里非若參井之不相及也若春秋天變

恐晉不專曾而魯在其中以知滁亦人遇災而懼乃

[illegible]詩也乎[illegible]

高壽恒修　李英纂

# 【民國】太湖縣志

民國十一年（1922）活字本

雜類志

易有雜傳禮有雜記史亦有雜家而志倣焉夫事有補志可大而未可遽入者懼其淺漫無所歸也古今之故大人之變災異應五行之傳休徵衍七世之祥以及瑞紀期頤奇搜稗對皆得以不類類之盍缺略其庶乎免矣僅誇富麗云爾哉志雜類

祥異

東漢安帝永初三年己酉春三月廬江饑調零陵桂陽租來賑

桓帝元嘉元年辛卯夏四月廬江饑疫

後漢建興三年乙巳冬十一月丙寅太白晝見南斗歷八十餘日恒見占曰吳有兵明年徵代吳　延熙三年庚申冬吳饑廬江尤甚　炎興十六年戊戌揚州郡國大水傷稼大水西至荊州北至豫州屬揚在荊豫之界

晉武帝泰康十年己酉冬十二月廬江雷霈大雨 惠帝永熙六年乙卯夏五月揚州大水 懷帝永嘉三年乙巳夏大旱 元帝大興二年乙卯夏五月廬江與安豐蝗食秋稼 孝武帝太元六年辛巳冬十月江東大饑廬江尤甚

梁武帝天監元年壬午八月熒惑入南斗大旱十一月大饑江東斗米五千民多殍死 元帝承聖元年壬申夏四月廬江晋熙等五城大饑以僧悉達爲北江州刺史招集之

陳文帝天嘉四年癸未九月太白入南斗

隋煬帝大業三年丁卯九月熒惑逆行入南斗

唐中宗嗣聖二年乙酉九月淮南地生毛或白或蒼在在有之長尺餘占曰兵 文宗太和七年癸丑大水害稼

宋太祖開寶四年辛未六月舒州水壞民田舍 太宗太平興國

二年戊寅夏五月舒州麥秀兩岐　端拱二年己丑七月舒州芝草生　淳化三年壬辰春正月舒州甘露降夏四月又降四年癸巳夏六月舒州甘露降　眞宗咸平四年辛丑正月丙寅太白晝見南斗秋八月舒州嘉禾生　天禧三年乙未夏四月舒州甘露降　英宗治平三年戊申淮西旱　神宗元豐元年戊午四月庚申月入南斗舒州山水暴發侵官民廬舍　高宗紹興元年辛亥四月癸酉月犯權星（權吳之星也亦曰伐星主有逆賊火災後二年劉得亂）　孝宗乾道四年戊子春舒州雨黑米堅如鐵破之米心通黑　淳熙十五年戊申舒州旱

元順帝至元元年乙亥冬十二月丙子地震二年丙子旱蝗自春至八月不雨大饑

明太祖洪武十九年丙寅夏四月熒惑入南斗　宣宗宣德六年

辛亥秋九月熒惑犯南斗　代宗景泰二年辛未大雪彌旬不霽積與簷齊鳥獸入人室五年甲戌大水乘舟入市逾三月始平英宗天順六年壬午蝗　憲宗成化十二年丙申冬大燠桃李華十四年戊戌大旱民多流殍十七年辛丑二月十日地震有聲十八年壬寅災　孝宗宏治二年庚戌大水蛟龍羣起山谷六年癸丑大雨水民苦濕疾十年丁巳城隍廟震十一年戊午疫死亡甚衆　武宗正德二年丁卯縣廳災三年戊辰嘉禾生一本數穗四年己巳大旱六年辛未大水害稼七年壬申災八年癸酉冬十月雪殺竹樹殆盡十三年戊寅夏五月水　世宗嘉靖二年癸未大旱疫民多逋逃三年甲申災沿河居民罹禍甚酷七年戊子有年十一年壬辰夏六月蝗害稼十八年己亥大水二十三年甲辰大旱冬十月壬午大雷雨十二月戊寅雷煖氣如春二十四年乙巳

大旱二十七年戊申二月雹三十二年癸丑大水民居多漂没　神宗萬歷十六年戊子大旱民饑多疫二十五年丁未冬水結冰成龍蛟鱗甲之狀三十六年戊申大水民多漂没四十四年丙辰蝗害稼四十六年戊午蚩尤旗見四十七年己未天雨毛　光宗泰昌元年庚申十二月大雪積四十日始霽民皆折屋而爨　熹宗天啟二年壬戌有鷄作人語有婦産子牛首人身五年乙丑大旱　懷宗崇禎元年戊辰正月朔大雷雨三月祥雲見於東南成五色有宮闕樓閣之狀七年甲戌春正月地震屋宇搖動有聲夏四月望富豐蕩雲翳日天雨黑子盈市狀如黍色（邑人沈萬杏種之越歲成樹高二尺桑園細如枸杞歷久未見其花顆冬冬亦不枯）八年乙亥正月朔地震二月流寇入境焚殺甚慘四月大水漂没甚衆十一年戊寅秋八月大風發屋折木轉石揚沙十二年司空山石隕夏大水十三年庚辰大旱十四

年辛巳秋七月火藥局災八月飛黃蔽天民大饑疫斗米千錢死者日以數百計人相殘食日晡不敢獨行九月眞乘寺塲白煙起高二三丈經時始散凡三閱月占曰城中白氣起者其城必屠十六年癸未夏五月日中見星冬十月長星見東北

清順治三年丙戌旱四年丁亥饑斗米銀八錢五年戊子有年九年壬辰元日大雪夜地震二月丙辰夜地又震夏四月不雨至秋八月民大饑十一年甲午春二月大風折屋折樹城內牌坊毀十四年丁酉夏四月不雨至六月　康熙二年癸卯秋大水晚禾多沒三年甲辰夏六月大雨十月彗星見五年丙午六月朔日有食之七年戊申夏四月大水沿河居民多漂溺六月地震有聲自西南來八年己酉夏四月朔日有食之十年辛亥夏五月不雨至秋八月十一年壬子五月初六日黎明有雲氣如蛟龍狀自東而南

閃爍有光秋有年十八年己未夏六月不雨至九月二十一年壬戌夏大水二十六年丁卯三月十四日大雷電風雨拔木飛瓦四十七年戊子五月大水四十八年己丑春夏大疫五十五年丙申夏大水秋大旱米價騰貴五十七年戊戌冬雷電十二月大雪數次至五十八年己亥春連綿四十餘日寒凍異常五十九年庚子春正月大雪數尺　乾隆十四年己巳春大水十六年癸酉秋大水二十四年己卯夏大水三十四年己丑秋大水五十年乙巳夏大旱五十一丙午春唐家山宕得黑米千餘石饑民取食全活甚衆謹按御製太湖縣地出黑米詩另載秋有年五十二年丁未秋有年五十三年戊申秋有年五十四年己酉秋有年　嘉慶四年己未夏四月日月合璧五星聯珠十三年戊辰秋有年十八年癸酉春大水縣民劉聖願妻章氏一產三男二十一年丙子秋有年二十四年己卯秋

有年　道光元年辛巳夏四月朔日月合璧五星聚婁秋大有年二年壬午秋有年四年甲申夏五月大雨雹五年乙酉秋有年七年丁亥秋大有年八年戊子秋有年九年己酉秋七夕彩雲見以上錄志十一年辛卯秋大水十四年甲午秋大水十五年乙未自夏至秋不雨大饑十六年丙申麥大熟秋大有年二十一年辛丑冬大雪積與門齊壓折民房甚夥二十二年壬寅夏大雹屋瓦皆穿擊斃民畜二十三年癸卯大疫二十四年甲辰秋有年二十八年戊申秋大水害稼二十九年己酉大水江潮泛溢為前所未有濱泊湖田房淹歿無算五月霪雨縣西北山水大作沿河衝斃人畜甚衆決縣東北隄旋破古善慶門城數丈城中水暴溢復衝決西南城及大西門水勢始平　咸豐元年辛亥秋有年二年壬子麥歧出有至三四歧者四年甲寅十一月水沸高數尺陂池塘堰皆然

六年丙辰大旱米價騰貴七年丁巳秋有年八年戊午飛蝗蔽天三晝夜稼無害十一年辛酉秋八月五星聚張冬十二月大雪平地數尺湖氷合彌月不解負重履其上堅若平陸　同治三年甲子夏五月不雨至八月四年乙丑夏大旱七年戊辰四月二十日大風由黃龍菴直抵南陽河拔大樹無算毀民房十餘處池魚乘勢飛騰有冐於樹落崖壑者八年己巳夏大水十年辛未夏四月疾風自六七冲抵爭口山毀民宅十數處棟垣皆摧塌冬雨菽類來麥稃黑而米白　光緒八年壬午七八月間啟明如一匹布光燭天累月二十三年丁酉冬十月二十夜衆星西流如雨二十五年己亥夏大水有物自龍潭冲出巨眼細鱗形如水牛色灰白時人驚爲龍冬十一月雪殺竹木殆盡三十二年丙午冬十月繡球花開　宣統二年庚戌除夕大雷雨

民國六年丁巳正月二日地震二月朔地又震九年庚申八月十八至二十日大風三晝夜發屋拔木田禾花實俱墮

明 呂貴壽百有四歲宏治時人性沈靜操履甚嚴取與不苟郡邑欽其齒德歲時饋餼存問弟呂賓壽九十九歲操行與貴似所爲行過之御史疏請建坊表曰兄弟百歲（以下百歲）

清 蔡子夏性純孝年十四母病祈天願代母病遂瘥人謂至誠所感壽百有一歲乾隆三十五年奉旌建坊表以昇平人瑞

朱憲章同妻劉氏齊年百歲乾隆三十五年奉旌建坊御製詩章表以期頤偕老於恩賜銀幣外視常例有加焉（御賜詩舊志虔錄今載藝文）

侯紹連壽百有四歲世居鄉力學躬耕不求聞達以恬淡終乾隆四十六年奉旌建坊表以昇平人瑞

欽賜六品頂戴汪珍璚壽百歲敦內行以誠信聞嘉慶間舉鄉耆

道光三年奉旌建坊表以昇平人瑞

吕永泳字懷青壽百歲博學有文名以數奇遂專心教授學者羣奉爲經師家甚貧修脯外一介不取子孫竝列庠序道光七年奉旌建坊表以昇平人瑞

戴家道賦性温良持躬儉約壽百有五歲健步不須鳩杖洵瑞徵也道光八年奉旌建坊表以昇平人瑞

張其星字仲章性純篤厚道教家壽八十八歲子忠信寄籍湖北竹山縣壽百歲乾隆五十八年奉旌建坊表以昇平人瑞忠敏壽八十四歲忠朝八十六歲忠廷八十歲孫永友壽八十九歲永祥八十三歲永樸八十四歲永貴八十二歲永鏵八十一歲永燊郎生員之銘父壽九十六歲子婦程氏壽八十四歲吳氏八十一歲孫婦之銘母賈氏壽九十四歲王氏九十一歲畢氏吳氏壽俱八

十三歲監生詩可母胡氏時年八十六歲祖孫三代百歲者一人九十以上者三人八十以上者十四人其年幾八十未經週慶者更七人孝友雍睦里黨觀型盛德所貽遐齡共享稱爲人瑞洵不誣也其家譜著有多壽記

冷光殿壽百有一歲

朱光悠壽百有一歲

周興之妻王氏壽百歲奉旌建坊表以貞壽之門

朱之雨妻吳氏壽百歲奉旌建坊表以貞壽之門

生員戴天維妻程氏壽百有一歲嘉慶二十四年奉旌建坊表以貞壽之門

歐陽惟南聘妻陳氏壽百一十五歲詳貞女門

方正也妻姜氏壽百有二歲

徐士遠妻李氏壽百歲王鑿元妻程氏時年百有三歲
程其恂妻胡氏壽百歲見節婦門以上採志待旌
趙文林壽百有二歲有子七孫二十一曾孫三十四五世同堂
周金伏壽百有一歲弟金康壽一百四歲
冷邦陵壽百有一歲
黃尙尊暨妻王氏壽俱百歲親見六代五世同堂
袁尙德時年百歲有子五孫十四曾孫五元孫一五世同堂
程維憶時年百歲
熊列燦時年百歲
監生祝焙妻趙氏壽百歲眼觀七代五世同堂道光十五年奉旨
給銀建坊表以貞壽之門
監生吳國祿繼妻殷氏壽百有一歲五世同堂道光十七年奉旨

建坊表以貞壽之門

貢生張宦妻羅氏壽百歲五世一堂子四孫九曾孫十六元孫一

同治八年奉旨給銀建坊表以貞壽之門

甘漸遠妻王氏壽百有一歲教諭胡維藩贈有期頤稱永匾額

陳簡南妻歐陽氏壽百有五歲

朱國濟繼妻王氏壽百有一歲子五孫十七曾孫二十八元孫一

眼觀七代五世同堂親見孫夢蘩登鄉榜

周耀彩妻劉氏壽一百有四歲五世同堂親見七代

韋光族妻李氏壽百有一歲

葉永貴妻韓氏壽百有一歲

石明選妻李氏壽百歲有子七孫四曾孫二三元孫一眼觀七代五

世同堂

黃照星妻張氏壽百歲子一孫一曾孫二元孫一五世同堂

吳祥金妻方氏壽百歲五世同堂

從九職家駒妻趙氏時年百歲五世同堂

監生方昇妻王氏時年百歲

聶月恒妻陳氏時年百歲

詹竣魁妻謝氏時年百歲親見五世同堂有子四人孫九人曾孫十二人元孫三人

陳秦乾妻葉氏壽一百二歲親見七代五世同堂有子二人孫二十二人曾孫四十六人元孫十七人

以上舊志百歲

監生李家齊字育萬壽九十六歲親見曾元登科第五世同堂乾隆四十三年奉旨旌表賜額七葉衍祥以下五世同堂

庠生吳應萬壽八十歲親見七代五世同堂嘉慶二年奉旨旌表

賜額七葉衍祥

余學仁現年九十三歲親見七代五世同堂道光五年奉旨旌表

賜額七葉衍祥

陳賢𥨊舉鄉者有子三人孫十五人曾孫二十七人元孫五人親

見七代五世同堂壽九十二歲

吳之揚壽九十歲親見七代五世同堂前令程廷璋給有碩德耆

年匾額

余士廣同妻何氏俱壽逾九十歲前令田鍾秀吳以熙朝瑞徵匾

額有子三人孫九人曾孫二十四人元孫一人五世同堂

徐履川與妻劉氏同庚壽均八十四歲親見七代五世同堂

監生張大定字振海壽八十歲有子五人孫十一人曾孫十四人

元孫二人親見七代五世同堂

監生李松森時年八十八歲有子三人孫十三人曾孫十八人元孫一人親見七代五世同堂

監生李永桂壽八十六歲有子五人孫二十人曾孫二十八人元孫三人親見七代五世同堂（別見耆壽）

殷步青壽八十五歲五代同堂（別見耆壽以上待旌）

生員周天樞妻許氏壽九十四歲親見七代五世同堂嘉慶二十五年奉旨旌表賜額七葉衍祥

誥封太恭人李陳氏誥封中憲大夫李聲節之繼室方伯李長森之繼母也壽九十有三有子八人孫二十三人曾孫二十七人元孫九人親見七代五世同堂嘉慶二十五年禮部奉旨於例頒旌賞銀緞外特賜瑞徵爰祜匾額

全椒訓導李聲顯妻葉氏直隸鉅鹿縣令長棣之母現年八十有九有子三人孫十六人曾孫三十二人元孫十一人筮仕者五道光元年奉旨旌表賜額七葉衍祥

監生李聲張妻王氏壽九十一歲有子八人孫三十三人曾孫三十九人元孫八人親見七代五世同堂道光七年奉旨旌表賜額七葉衍祥

庠生周天度妻唐氏壽八十八歲有子四人孫十八曾孫十二人元孫一人親見六代五世同堂道光八年奉旨旌表賜額七葉衍祥

監生祝開誠妻張氏時年九十三歲有子一人孫九人曾孫十八人元孫二人親見七代五世同堂道光八年奉旨旌表賜額七葉衍祥

州同王善徵妻周氏時年八十有五親見七代五世同堂道光八年奉旨旌表賜額七葉衍祥

監生韋秉正妻韋氏壽九十八歲親見七代五世同堂孫及曾元由明經登仕籍者三由俊秀登仕籍者四遊泮水登賢書𤨏成均者四十有五

章國灝妻彭氏時年九十有五有子二人孫七人曾孫五人元孫二人親見五代同堂

監生王璋妻李氏壽九十三歲有子二人孫三人曾孫六人元孫二人親見七代五世同堂

監生劉開詔妻徐氏壽九十三歲有子四人孫八人曾孫十五人元孫七人親見七代五世世堂

職監劉德滙妻喻氏時年九十三歲親見七代五世同堂

監生祝華封妻張氏時年九十一歲有子三人孫九人曾孫十一人元孫一人親見七代五世同堂

徐煩忠妻胡氏壽九十六歲有子三人孫六人曾孫十人元孫七人親見五世同堂詳節婦門

方如煌妻陳氏親見五世同堂壽九十四歲詳節婦門

甘傑燦妻葉氏親見五世同堂壽九十四歲詳節婦門

余爾唐妻趙氏親見五世同堂壽九十四歲詳節婦門

監生程文耀妻劉氏親見七代五世同堂壽九十二歲詳節婦門

汪詠佑妻徐氏親見五世同堂壽九十一歲詳節婦門

王文蓁妻舒氏親見五世同堂壽八十七歲詳節婦門

儒生劉開英妻歐陽氏時年八十六歲有子六人孫十三人曾孫五人元孫二人親見七代五世同堂

李必仁妻季氏壽九十九歲有子六人孫二十人曾孫四十人元孫十八人親見七代五世同堂以上待旌

監生殷培銑壽九十三歲有子四孫十九曾孫三十一元孫三眼觀七代五世同堂親見孫汝山登鄉榜道光十年奉旨旌表賜額七葉衍祥並八品頂戴

貤封武畧騎都尉劉善撫壽九十一歲妻辛氏貤封安人壽九十歲五世同堂有子三孫十四曾孫十七元孫一親見子榮科中武舉孫國標成武進士

金繩鏵字敬五壽九十九歲五世同堂

章必樺壽九十六歲眼觀七代五世同堂

胡應犴壽九十二歲五代同堂

庠生歐陽復壽八十九歲子一孫四曾孫十六元孫四眼觀七代五

世同堂

黃世興時年九十二歲有子二孫七曾孫八元孫一親見七代五世同堂

方德交時年九十歲眼觀七代五世同堂

孫蘂瑞時年八十五歲妻張氏時年八十六歲五世同堂

候選州吏目趙文煥妻查氏壽八十二歲親見七代五世同堂道光二十三年奉旌例頒銀緞外賜額七葉衍祥

誥贈中議大夫監生李振焠妻胡氏時年八十七歲子二孫十八曾孫七元孫二親見七代五世同堂同治十一年奉旌例頒銀緞外賜額七葉衍祥

陳坦素妻查氏壽九十八歲五世同堂

黃派湖妻吳氏壽九十七歲有子七孫二十七曾孫四十四元孫

二親見七代五世同堂
監生余濱泗妻李氏壽九十七歲有子七孫二十二曾孫三十六
元孫二一眼觀七代五世同堂
胡敦雲妻王氏壽九十六歲五代同堂
監生殷大鵬妻王氏壽九十四歲有子三孫十三曾孫三十二元
孫一親見七代五世同堂
監生吳正家繼妻雷氏壽九十四歲有子三孫十曾孫十五元孫
一五代同堂
章昌偏繼妻范氏壽九十二歲親見七代五世同堂子監生謙妻
周氏時年九十歲亦親見七代五世同堂
監生趙民新妻黄氏壽九十二歲眼觀七代五世同堂
楊紹龍妻陳氏壽九十二歲五世同堂

殷毓深繼妻張氏壽九十一歲親見七代五世同堂

趙良允妻周氏壽九十歲五世同堂

州同殷培文繼妻林氏壽八十八歲有子一孫五曾孫十六元孫
一親見七代五世同堂

詹李青妻黃氏壽八十八歲親見七代五世同堂

馬平鎰妻張氏壽八十一歲五世同堂

程全璧妻李氏時年九十四歲眼觀七代五世同堂

監生余昌言妻朱氏時年九十二歲有子一孫一曾孫一元孫二
五代同堂

胡艷蘭妻辛氏時年八十七歲五世同堂

胡采鳳妻吳氏時年八十六歲五代同堂

監生李萬楮妻胡氏時年八十五歲有子五孫十八曾孫九元孫

一親見七代五世同堂
附貢生胡豐繼妻唐氏時年八十一歲五世同堂
金召周妻劉氏時年八十一歲五世同堂親見七代
胡以江繼妻張氏時年八十歲五世同堂
以上舊志五世同堂
王道長壽百歲光緒十三年地方官詳請旌表奉旨賞建坊銀三
十兩旌爲昇平人瑞
孟興洋壽百六歲邑令鄭贈壽邁期頤匾額光緒間奉旨給銀建
坊賜六品頂戴
余德成壽百三歲光緒元年呈報百歲欽賜七葉衍祥
甘麟趾壽百有一歲
許得芳壽百有一歲

許廣華壽百有二歲

雷榮昌壽百歲建坊

周成家壽百歲

王華翰壽百歲

何樹台壽百歲

恩貢生施化龍光緒庚辰重遊泮水官霍山教諭壽百歲督學使

李端遇贈壽聯壽額子五孫十六曾孫三十六元孫十二奉旨給

銀建坊旌賞綢絹賜七葉衍祥匾額

程學洙壽百歲妻劉氏壽八十歲

徐忠熾壽八十一妻蔣氏壽百一歲禀巳呈報族贈百歲匾額

監生王福妻嚴氏壽百歲光緒二十九年請旌建坊

監生胡恒茂妻嚴氏壽百歲五世同堂

監生陳銀波妻楊氏壽百有一歲

監生章璞崖妻陳氏壽百歲

程太和妻陳氏壽百有一歲

詹應風妻章氏壽百有二歲

周齊唐妻郝氏壽百有四歲

監生祝懷清妻汪氏壽百歲子五孫九曾孫十八元孫二十三親見七代五世同堂

吳道繩妻趙氏壽百歲眼觀七代五世同堂子四人孫十四人曾孫二十四人元孫八人

以上百歲

監生喻祚祝壽八十一妻查氏壽八十子三孫十七曾孫二十人元孫二眼觀七代五世同堂

監生劉善翁壽八十九妻胡氏壽八十一子六孫十七曾孫十五
元孫五五世同堂
附貢生試用訓導吳丙炎現年八十五眼觀七代五世同堂子三
孫二曾孫四元孫一人
劉時吉壽九十二子二孫四曾孫七元孫一五世同堂
監生孟廣河妻王氏俱壽九十子四人孫十人曾孫十八人元孫
一人五世同堂
陳搴屏妻孫氏壽九十一親見五世同堂膝下百餘人
監生劉蜚鳴壽九十卒時元孫七人五代同堂
方學禹妻王氏壽九十三子四人孫十六人曾孫八人元孫三人
五世同堂
畢德信妻李氏壽九十二子三人孫六人曾孫十四人元孫一人

五世同堂

程全鐩妻李氏壽九十八歲子超羣壽九十六孫靄禾壽九十四

五世同堂

監生吳家展妻胡氏壽八十五子二孫二曾孫四元孫二五世同堂

趙雲台妻胡氏現年八十一子一孫一曾孫二元孫一眼觀七代五世同堂

以上五世同堂

吴蘭生、王用霖修　劉廷鳳纂

# 【民國】灊山縣志

民國九年（1920）鉛印本

# 灊山縣志卷二十九

## 雜類志

志以雜類名蓋因類無所附而事不可沒故以是類括之分目悉依舊志惟方技移人物之末而增入敎堂一項軼事則取其足資觀感勸戒者而神怪荒誕之說不與焉

### 祥異

漢武帝元封五年乙亥冬灊霍山四鑊見帝徙南嶽於灊霍山上無水廟有四鑊可受四十斛祭時水輒自滿事畢即空積數十歲歲四祭後但三祭一鑊自敗

元帝初元五年丁丑夏及秋大水廬江等郡水

安帝永初三年己酉春三月廬江饑調零陵桂陽租來賑

桓帝元嘉元年辛卯夏四月廬江飢疫

蜀漢後主延熙三年庚申冬吳飢廬江尤甚

晉武帝泰始十年甲午吳地三年大疫灊時屬吳

太康四年癸卯冬河南荆武大水灊界河南荆揚

惠帝元康八年戊午九月荆豫徐大水灊處其界

懷帝永嘉三年己巳夏大旱江漢河洛可涉

元帝太興二年己卯江東大飢四月廬江郡旱蝗

已年辛巳廬江灊縣民何旭地中掘得生犬旭家聞地中犬聲掘之得母犬色青壯羸走草中忽失所在遺二子一雌一雄活善彈野獸後旭里中爲蠻賊滅

孝武帝太元六年辛巳冬十月江東大飢廬江郡尤甚

宋文帝元嘉七年庚午廬江灊山有鐘聲十二發地中帝將征關洛山崩有大鐘自出制合古式盤中律呂上有古文百六十字

梁元帝承聖元年壬申夏四月廬江晉熙等五郡大飢時飢死十八九以魯悉達爲北江州刺史招集之

唐玄宗開元十九年辛未六月舒州白鹿見帝遣使醮九天司命祠於灊山有二白鹿見於高岡祠成像未就忽殿後石壁裂出五色香泥取以成像畢即竭

文宗太和七年癸丑舒州大水害稼

宣宗大中十年丙子三月舒州吳塘堰異鳥見堰上有衆鳥成巢闊七尺高一丈百鳥繞之中有六鳥人面綠身紺爪喙聲呼曰甘人謂甘虫

十二年戊寅秋七月舒州大水害稼時河南北淮南皆大水深者五丈沒數萬家

懿宗咸通九年舒州旱蝗江淮皆旱蝗

後周廣順元年辛亥夏四月南唐舒州大飢是歲淮南皆飢

宋太祖開寶四年辛未六月舒州大水壞田舍

太宗太平興國二年戊寅五月舒州麥秀兩歧

淳化三年壬辰正月舒州甘露降四月又降

四年癸巳六月舒州甘露降

七年丙申六月舒州木連理

至道元年乙未七月舒州粟畦兩本歧分十穗

眞宗咸平四年辛丑八月舒州嘉禾生

天禧三年己未四月舒州甘露降

元豐元年戊午四月庚申舒州山水暴漲壞官民廬舍

哲宗元祐八年癸酉秋八月舒州大水

高宗紹興二十八年戊寅舒州白龜見灊山萬壽宮谿洞中產白龜小如錢白如玉太守曾公貢於朝張昌作白龜賦

孝宗乾道四年戊子春舒州雨黑米堅如鐵

五年己丑舒州二首龜見民獻二首龜不能伸縮郡守張棟縱之言龜孽也

淳熙十五年戊申舒州旱

寧宗慶元五年己未安慶大水害稼

嘉泰三年癸亥舒州灊山中產異草煎之飲人骨肉立化爲水釜則通體成金

嘉定三年己巳安慶飢

度宗咸淳七年辛未春二月舒州饑疫

元武宗至大元年戊申八月諸路旱蝗饑疫江淮民採草根木皮爲食

仁宗延祐六年己未六月灊大水害稼

文宗至順元年庚午四月饑七月灊大水

順帝元統元年癸酉三月灊山地震六月旱蝗

至元元年乙亥十二月丙子灊山地震

至正十二年壬辰冬十月灊霍山崩前三日山如雷鳴禽獸驚散隕石數里(通志作二年)

十七年丁酉灊山大旱左丞余闕詣嶽祠禱雨

明代宗景泰二年辛未雪彌月不霽積與屋齊

五年甲戌大水害稼

英宗天順六年壬午秋螽

憲宗成化二年丙戌旱大饑江淮人相食

十年甲午夏六月大水害稼

十二年丙申冬大燠桃李華

十四年戊戌大旱民多流殍

十七年辛丑二月十日地震有聲

孝宗宏治六年癸丑大水民饑

十年丁巳五月天鳴地震

十一年戊午大疫

武宗正德四年己巳大旱

六年辛未水害稼

八年癸酉十月雪殺竹木殆盡

十二年丁丑大水害稼

世宗嘉靖二年癸未大旱疫

十一年壬辰大旱螽

十八年己亥大水

二十三年甲辰大旱民多殍死

二十四年乙巳民大饑死者枕藉

二十七年戊申春三月雹

穆宗隆慶二年己巳夏大水

神宗萬歷十二年甲申二月初六日地震

十四年丙戌大水害稼

十六年戊子大旱疫民大饑

十七年己丑大饑疫死者盈野災連數十里

十八年庚寅大旱民多饑死

二十年壬辰夏秋不雨旱螽

二十三年乙巳山水暴漲漂沒廬舍數百家

二十六年戊申霪雨害稼秋大旱

四十四年丙辰冬燠桃李華

熹宗天啟元年辛酉正月大雨雪積四十餘日

四年甲子秋七月灊山崩聲鳴數十里

七年丁卯秋八月大風拔木轉石西塔頂鐵鑪桶木倒入湖中

懷宗崇禎元年戊辰春正月朔大雷雨

五年壬申五月山水暴漲壞田舍無算

七年甲戌正月二十八日地震屋宇動傾

八年乙亥春正月朔地震雨黍如蒺藜子

九年丙子冬十月雨穀紺外黃內味苦著瓦石有聲雨多處雞焚殺獨[illegible]

十年丁丑春三月縣北十里地產白土民取以和米粉食之後多疫死

十一年冬月雨著樹成氷玲瓏皓白遠近如一占云木稼達官災亦云木介主兵

十三年庚辰夏四月有野鳧百萬爲羣飛蔽天日如轟雷烈風聲鵝集水田禾苗立盡

十四年辛巳大旱螽疫人死者枕藉餓者刲人爲食無敢獨行道路者

十五年壬午大饑疫

夏五月十二日至十八日大雷雨潛山起蟄蛟千百漂沒田畝民舍無數

十六年癸未冬至大雷雨結冰如錢形有篆文人莫辨見王士禎皇華紀聞

冬十月虎入城四鄉多虎夜闖入人室攫人而食

十二月有冰數處悉成錢形上有古篆文人莫辨之

清順治三年丙戌大旱

四年丁亥夏大荒米石至五千

八年辛卯夏四月初七日大雷雨灤山復起蛟千百水暴溢數丈壞田舍數百家

秋七月雹大風拔木時穀已熟雹傷墜泥

九年壬辰春二月十四日夜地震自春至夏不雨水道盡涸大旱民饑

十年癸巳旱冬大雪雨木氷

十一年甲午正月朔地震有聲

康熙七年戊申六月地震

十年辛亥五月至九月不雨大旱民饑

十七年戊午大旱自六月不雨至八月

二十一年壬戌夏大水

二十六年丁卯三月十四日大雷雹風雨拔木飛瓦

四十一年壬午夏大水河隄多決
四十七年戊子五月大水
四十八年己丑春夏大疫
五十五年丙申夏大水秋大旱米價騰貴
五十七年戊戌冬雷電十二月大雪數尺至五十八年己亥春
連綿四十餘日寒凍異常
五十九年庚子春正月大雪數尺
雍正八年灊大水潰河隄無數
十二年縣民汪祝三妻孟氏一產三男
乾隆元年儒學前藕湖出並頭蓮花數枝

四年春夏旱至秋始雨

五年縣民馮某妻一產三男

十一年松樹始生毛蟲二寸許食松葉

二十四年夏又六月大水到處潰決河隄水吼嶺下街屋宇人畜俱盡屍流數十里是年秋田中禾生油蟲細如蟣蝝害稼

二十六年春三月大風發屋拔樹

二十九年夏大水湖中鸛鳥飛鳴於南城外喬木上

三十三年大水

三十四年大水潰河堤無數十二月二十日地震有聲

四十二年夏旱至秋始雨

四十四年夏五月至六月不雨天柱山側忽生玉粟與米穀無異里人採以爲食

四十五年秋七月諸山飛蟄蛟百數河水暴溢潰堤傷稼

四十六年閏五月二十二日大水潰堤傷稼漂沒廬舍數百家溺死居民無數自五月至七月不雨復告旱

嘉慶十三年閏五月十三日大水隄決城潰城內房舍殆盡人畜淹死甚衆

十七年大旱饑通志

道光三年癸未夏五月大水皖灊二流失其故道

七年丁亥大有年

十一年辛卯夏大水

十五年乙未夏大旱秋八月蝗蟲至禾稼未甚侵害是年收成僅半八月復大水

十六年丙申大有年

十七年丁酉十二月大雨雷電

二十一年辛丑夏大水城垣幾被沖沒水不浸者三版堤壩多潰

秋桃李華

冬大雪深五尺許塞戶塡門壓壞民廬無算樹木多凍死

二十二年壬寅夏大水連年饑荒米價騰貴貧民多取觀音土半年權食之

二十三年癸卯春三月有彗見於西南形如白雲躍如虹長數丈昏見於西南凡十餘日始沒論者謂粵逆之禍兆於此矣

大饑疫米價昂貴去歲死者已衆是年瘟疫流行死者益多哭聲不絕於野交秋始息

秋大有年兩載饑荒是秋五穀大熟升米值錢十一二文

二十四年甲辰秋大有年

冬大雪平地雪深數尺

二十五年乙巳春大疫秋有年

二十七年丁未夏大水堤壩多潰

二十九年己酉夏五月大水凡田舍素爲水所不及者皆被淹沒數百年來無此水也穀價頓昂

三十年庚戌春三月初八日雨黑水晝晦有頃乃霽

咸豐元年辛亥夏雨黑水

冬十月草木榮

三年癸丑冬十二月大雪雷震

四年甲寅十一月初五日水溢（未刻無風各處水湧浪數尺見者大駭）

五年乙卯秋八月螣

六年丙辰夏大旱秋大疫（自六月初十日斷雨至七月二十八日始雨枯苗復甦八月下旬霜下降籽粒無收）

秋八月汪木生妻陳氏一產三男（一赤如硃一白如粉一黑如漆越三日斃）

七年丁巳春大雨四十日不止五月雨雹

大饑疫（斗米千錢自去秋至此樹皮草根食盡加以兵荒人民頗多饑殍）

冬十一月竹萌出高丈餘

八年戊午大有年（通志）八月慧星出長竟天（約計五十餘日始息）

九年己未春三月十六日大雨雹

十一年辛酉秋八月初一日日月合璧五星聯珠

十一月初十日大雨雹

十二月大雪深五尺許房屋多被壓塌凍死樹木無數

同治元年壬戌夏六月飛蝗過境不爲災

三年甲子夏秋間大旱

四年乙丑正月大雪雷電

二月初三日雨雹水墨色

五年丙寅七月初八日天鼓鳴有星墜地各處望見者皆如隕在至近之地

七年戊辰三月十九日大風拔木

八年己巳夏秋大水衝沒田廬無算

光緒二年丙子夏妖人剪髮（有妖術剪紙人能以符咒化爲風割人辮髮鄉人惶恐異常）

六年庚辰冬大雪（樹木結冰多被壓折）

七年辛巳春二月大雪大凍河冰堅可行人

八年壬午夏五月大水（自初一日起連日淋雨至初五日早大雨傾盆蛟洪猝至水頭高數丈城墻崩潰數處城門漂至長江各處堤壩無一完全者冲潰屋宇淹死人民無算災報上峯請賑派委喬公給散嚴君佐之亦携鉅欵給賑是年銀糧免徵民賴以安）

十年甲申三月二十日大雨雹（午後雹猝至闊里許所過之區麥苗毀盡）

十一年乙酉秋七月大風三日（十五六七大風三日田穀熟者盡被吹落是年冬大饑）

是年縣東王銘台妻桂氏一產三男

十二年丙戌夏四月大水

十三年丁亥四月二十二日王之第妻徐氏一產三男

秋八月久雨爲災自立秋至寒露節後雨七十餘日五穀糜爛不可以數計

十五年己丑大旱穀多秀而不實

十八年壬辰飛蝗入境不爲災

二十一年乙未夏大旱是年文治橋東居民家豕生一象

秋九月十四日大雪

二十二年丙申夏大水

五月十三日下午水溢約漲三四五尺不等

秋九月馬鞍山崩聲聞十餘里

二十三年丁酉秋大旱自八月杪至臘月初約計百餘日始雨乃種菜麥次年菜麥大熟

二十四年戊戌春二月十五日白虹貫日

二十六年庚子夏五月熒惑入南斗

二十七年辛丑縣南蔡月恒月妻金氏一產一男兩女

三十二年丙午十一月初二夜大雷雪

十二月十三日早大雷兩

三十三年丁未秋九月地震水溢

三十四年戊申秋八月初七夜天有光自東北至西南裂開尺許閃爍有紅光約計六刻十一月初四夜亦然

宣統二年庚戌冬十二月除夕大雷雨識者知爲滿清亡國之兆

民國元年壬子秋田禾生蟊蟲食稻根收成減半次年大荒水漲堤潰米每石值錢八千文

二年癸丑夏五月大水六七月復告旱是年米價騰貴

三年甲寅秋八月二十九日大雨雹是年稻穀已熟打落入泥縣東一帶甚受其害

四年乙卯夏五月二十一日大水潰堤

六年丁巳正月初二地震有聲二月初一日地復震亦有聲

是年三月上浣虎入室縣南二十里吳家冲有猛虎日午闖入吳結彩宅彩喚子姪獲之

七年戊午九月二十二日無雲而雷是日天晴無纖毫雲翳未刻忽雷聲轟轟約三分鐘止視日影猶爛然

是日天隕石有二處一重六斤墜於北新橋旁一重四斤許墜於額頭灣拾之初有熱氣嗅之如硫黃

八年己未夏五月大水自二十三至二十七連日大雨邑南堤塲盡潰

秋七月二十七日大風雨雹拔木毀屋雹大者如盤次若碗若卵縣西南隅禾稼受傷成巨災

# 【同治】六安州志

(清)李蔚、王峻修　(清)吴康霖纂

清光緒三十年(1904)重印本

六安州志卷之五十五

雜類志一

祥異五行

晉

武帝咸寧元年乙未四月丁巳白雉見安豐

安帝義熙十一年乙卯霍山崩獲銅鐘六枚制度精奇

上有古文書一百六十字見宋符瑞志

梁

武帝天監七年戊子二月乙卯廬江灊縣獲銅鐘二

隋

文帝開皇六年丙午霍州有老翁化爲猛獸

唐

建中二年辛酉霍山裂

長慶四年甲辰夏霍山山水暴出見唐五行志

宋

開寳六年癸酉淮淠水溢渰民田舍甚衆

祥符四年辛亥六安縣民田稽生麥八十餘頃

元

至大三年庚戌夏六月大水溺死者五十三人見文獻通考

至治二年壬戌秋八月大水飢

至正十二年壬辰冬霍山崩前三日山如雷鳴鳥獸驚散隕石數里

明

宏治二年己酉大火延燒千餘家嘉靖志作三年庚戌

六年癸丑秋九月十三日大雪至次年三月積深丈餘中有如血者五寸獸畜枕藉而死各縣多相同志有作五年者

正德二年丁卯大飢

三年戊辰霍山旱冬霍山雨雪化赤是歲饑殍枕藉

四年己巳英山饑民食蕨多流移外境

五年庚午英山淫雨橫流泛溢山石崩裂田疇覆壓

房屋漂流人畜溺死甚衆

嘉靖二年癸未春夏旱秋淫雨禾盡腐六安英山並

饑

三年甲申春大疫

七年戊子秋八月四日大雨自午至未平地水丈餘

崩城十有三丈是月十三日蝗西北來落地尺許食

穀無遺

十一年壬辰霍山壽官張琪家產芝之一莖三枝五色

（琪即孫振高祖）是年秋虎入英山城民捕獲之英向無蝗忽自北蔽天而來食禾且盡

十二年癸巳冬十月八日丑時星殞如雨

十七年戊戌夏英山大水傷田疇蛟起山石崩壓死者七家

十九年庚子夏英山蝗秋六安霍山俱蝗落地二尺許樹多壓損

二十二年癸卯春三月六日霍山雨雹大如鵞子殺稼箭竹結實居民取食類以石計

二十八年己酉冬十二月大雨氷如鱗介

三十四年乙卯旱飢

三十九年庚申春正月雪後大霜覆瓦成花木鳥獸形夏青蟲損稼民飢食蕨

四十一年壬戌山水暴溢壞民廬舍

隆慶三年己巳秋七月霍山大雨八面山谷伏蛟盡起水溢入城居民作筏以濟四境一壑漂溺男婦老幼

不可數計水退積尸盈野耆老朱昱捐貲瘞之

萬歷十年壬午春三月龍穴山石移丈餘山下人見之呼衆往觀乃不動

十四年丙戌霍山大水比隆慶己巳更高三尺爲害益甚刈稻盡腐

十五年丁亥五月二十九日霍山蛟龍大作水流如雷視前尤甚民物漂沒不可勝計秋又久雨禾稼無遺

十六年戊子霍山正月末雨至春盡方止二麥浥爛

夏秋大旱半菽不收

十七年己丑六霍大旱升米百錢人相食

四十二年甲寅飢

四十三年乙卯春霍山地震踰月不止歲旱蝗穀價

騰貴次年蝗亦如之

四十六年戊午三月中旬霍有風自西北來伐竹折

木屋瓦皆飛大雨雜以氷雹鉅若雞子

泰昌元年庚申冬大雪自冬徂春四閱月始霽積雪簷

平居民不通往來雪上多黑點如烟煤人以爲黑雪

云

天啓元年辛酉四月蝗

二年壬戌七月蝗

崇正六年癸酉夏五月大雨雹如雞子樹枝委折屋瓦

皆碎

十三年庚辰春神汗夏六霍大旱飛蝗蔽天人相食

至有父母自殘其子女者雖重典繩之不能禦

十四年辛巳春饑殍枕藉民采草樹爲糧以待麥秋

麥未登而疫作闤市晝靜巷無行人城中出骸如蝟

二麥雖稔收棄相半民有絕戶而不得刈者夏復旱
蝗蝻所至草無遺根民間衣被皆穿齧釜俱穢
十五年壬午春霍山大飢人相食

國朝

順治七年庚寅冬十月朔日有食之既
八年辛卯四月初九日霍山蛟發西南上青一帶轟
雷擊電啟蟄者不可數計暴水衝山漂沒熟田立成
沙磧包陵震谷民居蕩析人民牲畜死者以壑量水
冒城北傾頹數十丈撐船入市踰一晝夜始漸退

九年壬辰春六霍地震屋瓦欲潟石橋盡裂霍山大旱自三月至七月不雨

十年癸巳冬大雪連旬鳥獸死者過半

十八年辛丑民飢

康熙四年乙巳春有黑子往來如梭與日相盪

六年丁未夏六月六安英山地震蝗起冬彗星見

十年辛亥大旱蝗

十一年壬子春蝗蝻遍生蔓延數百里安徽撫院靳牒祭城隍三日頓盡

十五年丙辰秋禾大熟

十七年戊午南山忽有異獸土人稱爲馬熊行迅如風爲百姓害往來山谷者必糾伴持械州守王所善牒祭山神患除

十八年己未正月金鐵出火夏怪風炙人伐屋大旱秋飛蝗蔽天野無遺草同城文武官亟申請督撫題請全蠲租賦發帑賑濟民得生全

十九年庚申春三月蝗蝻漸生至夏大盛忽降霖雨數日間皆抱枝死無遺類二麥倍收

二十九年庚午五月二十日夜大風暴起屋瓦皆飛人民驚懼次晨見雲路大石坊倒地城内外大樹多連根拔起先一年夏月北門劉總兵大勳石坊亦爲風碎父老言皆數十年所未有也

三十一年壬申英山秋旱署縣事通判崔涵虔誠禱獲應霍山大旱

三十三年甲戌英山旱

四十一年壬午五月十八日英山大水溺死居民二十餘人田地盡爲沙磧知府張純修親勘發賑

四十五年丙戌英山大水

四十七年戊子夏英山大水秋蟲

五十年辛卯自夏徂秋大旱飛蝗蔽天知州張璨督

民撲滅報請蠲賑八月初六日霍山大雨蛟水暴發

衝没田廬民多漂溺

五十三年甲午旱蝗知州張璨報災請賑

五十五年丙申旱知州楊恢基詳報錢糧蠲免三分

雍正二年甲辰春英山飢知縣張顯祖勸分周濟

四年丙午英山自三月不雨至五月知縣趙宗炅暴

露虔禱旋得大雨乃有秋
五年丁未七月十三日雨晝夜不息十四日西南諸
山萬蛟盡發水高數丈沿河漂蕩甚衆霍山亦災知
州李懋仁申報各憲據實　上聞奉
恩發銀壹千伍百兩督撫憲范魏各捐銀貳百兩委員給放
復奉
恩撥穀三千七百八十二石五斗設廠普賑三月蠲免
民衛錢糧一百一十兩五錢零州守復自竭力捐貲
置粟親歷遍濟約用五千餘金並親往霍山勘驗一

體周郵生全無算

十年壬子霍山水漲害民

恩加賑恤蠲免地丁銀兩

乾隆元年丙辰　恩免積欠

三年戊午霍山旱

二十四年己卯四月大雨雹

三十三年戊子秋六安旱免地丁銀米麥仍

恩賑飢民

四十年乙未秋六安旱免地丁銀米麥仍

恩賑飢民

五十年乙巳六霍大旱自三月至八月不雨免地丁

銀米麥仍　恩賑飢民

五十一年丙午春大飢升米百錢人相食瘟疫死者

無數

五十三年戊申英山大水

五十七年壬子七月十五夜有流星竟天

五十九年甲寅五月二十七日大雨雹

嘉慶六年辛酉七月十七日東南大水

道光十年夏英山大風拔木

十三年霍山大水

十五年秋蝗蔽空六英未被災霍山傷稼十之三

十七年六月大風一晝夜傷禾稼

十九年蝗自西南飛蔽天日

二十一年五月十一日英霍大水四山蛟起傷人畜田廬淤塌六月初一日申刻日食既繁星麗天七月蝗不爲災冬大雪平地數尺

二十二年夏英山麥生蟲類蝨是歲飢

二十三年蝻子徧野知州設法捕之以米易子至數百石焚之英霍大飢

二十五年霍山旱

二十七年地震聲自巽方來

二十九年自五月至七月雨不止民舍毀壞棉花傷盡

三十年夏五月久雨茅坪山崩田舍覆沒爲堰周數里深不可測有游魚成羣大可數十觔取之不得霍山萬蛟齊發城內外水深數尺

咸豐三年六月大風十晝夜敗禾稼十一月霍西山桃李盡華竹筍成林

四年十一月塘堰水無風自沸

五年六月水復沸中板橋民家豕産象

六年春正月雨豆粟色黑嚼之味腥五月旱雨雹大如鵝子麥盡傷飛雉走兔擊死無數自春末不雨至于八月雨草木重華秋蝗

七年大飢道殣相望每斗值錢千五百夏麥生蟲七月大雨西南山谷萬蛟齊發八月飛蝗蔽天英山大

疫

八年春大飢斗米錢二千夏秋大疫蝗蝻復作民之死者不可數計其幸存者率挈妻女逃他州縣鬻之以活口秋多兔百十爲羣徒手可得食之者瘡痍加劇荒田多自生稻稗民捋之有賴以存活者英山大熟是年夏賊退城廂暴骨如麻監生陸春培優生張春旭職員沈克諧斂貲檢埋共萬餘具廩生程長綬爲文勒石誌之四鄉好義之士各就本地檢埋立塚均免暴露焉

九年英山旱六月大雨雹損禾稼

十年秋蝗自北蔽天而來飛四五日遺子入地多狼

嘗入民家食小兒夜行亦有被食者

十一年十二月英山大雪至次年正月不止井有冰

同治三年思古潭民家豕產象

四年六月大風拔木

五年英山有獸類驢俗呼驢頭狼食人民無敢夜出

六年春不雨至五月二十一日乃雨栽插失時田多

荒廢六月東南四五十鋪雪深寸餘大風拔木禾稼

受損七月十五日雨雹大如拳擊地深二寸

七年三月大風拔樹二十四日西山自蘇口青龍河至九公灣有死黿及鼉驚漂浮滿河大者數十斤小者數斤腥聞數里

八年正月至五月陰雨不止蛟水暴發麥盡傷秋禾自槁野猪數十成羣食山糧連歲苦之

九年春不雨東北鄉旱

十年四月十一日戌刻大風自西南來有火光發屋拔木十三日又風自東南來劇如前